Eman Shamso
Fujiki Toshiyuki

A flora polínica de Faiyum, Egipto I- Archichlamydeae

Eman Shamso
Fujiki Toshiyuki

A flora polínica de Faiyum, Egipto I- Archichlamydeae

ScienciaScripts

Imprint

Cover image: www.ingimage.com

This book is a translation from the original published under ISBN 978-620-2-01307-9.

Publisher:
Sciencia Scripts
is a trademark of
Dodo Books Indian Ocean Ltd. and OmniScriptum S.R.L publishing group

120 High Road, East Finchley, London, N2 9ED, United Kingdom
Str. Armeneasca 28/1, office 1, Chisinau MD-2012, Republic of Moldova, Europe
Printed at: see last page
ISBN: 978-620-7-61447-9

Conteúdo

Agradecimentos

Agradeço à Dra. Amal Hossny (Herbário, Departamento de Botânica e Microbiologia, Faculdade de Ciências, Universidade do Cairo) pelos valiosos comentários e pela revisão crítica do manuscrito. Gostaria também de agradecer à Professora Dra. Hassna Hossni (Herbário, Departamento de Botânica e Microbiologia, Faculdade de Ciências, Universidade do Cairo) que me encorajou neste trabalho.

E. Shamso

Resumo

O objetivo desta investigação é a determinação dos caracteres micro e macromorfológicos do pólen de taxa egípcios da subclasse Archichlamydeae para fornecer informações palinológicas e uma chave de identificação adaptada para utilização com materiais arqueobotânicos. O pólen de 41 taxa egípcios pertencentes a 18 famílias representativas da vegetação atual da área de Faiyum foi descrito e ilustrado com micrografias LM e SEM. Com base nas unidades polínicas, no número e no tipo de aberturas, os padrões da exina tiveram grande importância diagnóstica entre os taxa examinados. Foram reconhecidos sete tipos polínicos principais e 18 subtipos incluídos em dois grupos (grupos polínicos complexos e simples). Tipos polínicos: Poliporados, triporados, tetra-hexaporados e pantobrevicolpados são caracterizados para Mimosoideae, Urticaceae, Fumariaceae e Portulacaceae respetivamente; enquanto os tipos polínicos pantoporados, tricolpados e tricolporados mostram grande diversidade em caracteres polínicos, compreendendo 16 subtipos polínicos distribuídos entre 14 famílias. É fornecida uma descrição, ilustração sob a forma de micrografias electrónicas de varrimento e uma chave para a identificação dos diferentes taxa.

Introdução

O deserto ocidental do Egipto é uma das principais unidades geomorfológicas, que se estende da costa mediterrânica a norte até à fronteira egípcio-sudanesa a sul (cerca de 1073 km) e do vale do Nilo a leste até à fronteira egípcio-libanesa a oeste (a largura varia entre 600-850 km), ou seja, cobre cerca de > do Egipto (El Hadidi 2000).

A província de Faiyum é uma das depressões do deserto ocidental do Egipto. Sendo a mais próxima do vale do Nilo e depois de estar ligada ao rio Nilo por um grande canal de irrigação (Bahr Yusuf), a depressão de Faiyum é considerada como parte da região do Nilo (Nile Faiyum). A depressão tem uma área total de cerca de 1700 km^2 (Zahran & Willis 2009).

As plantas do sistema do Nilo do Egipto (cerca de 553 espécies) representam 29,9% da flora total do Egipto. Cerca de 126 espécies não estão registadas noutros locais do Egipto; destas espécies, 64 caracterizam o Faiyum do Nilo (Zahran & Willis 1992).

Tackholm (1974) registou cerca de 129 taxa que representam a subclasse Archichlamydeae restrita à zona do vale do Nilo. A vegetação atual da zona de Faiyum foi objeto de vários relatos recentes. Abd El Ghani (1985) registou 158 espécies no distrito norte da zona de Faiyum, que constituem a maior parte das assembleias de ervas daninhas associadas às culturas dos terrenos agrícolas.

El Fayoumi (1996) estudou as principais características da vegetação atual na zona de El Gharag El Sultani, que constitui os distritos do sul dos terrenos agrícolas na depressão de Faiyum, tendo registado 121 espécies, entre as quais 115 espécies são ervas daninhas dos terrenos agrícolas.

Saad & Sami 1967, El shenbary 1985, Ritchie 1985 e Ayyad *et al.* 1992b estudaram o conteúdo de pólen fóssil em diferentes áreas do Egipto. Mehringer *et al.* 1979 efectuaram um estudo analítico de pólen na área do lago Qarun e elucidaram a história de Birket Qarun e Fayium ao longo dos últimos 325 anos, enquanto El Hadidi & El Fayoumi 1997 reconheceram 86 tipos polínicos agrupados em 21 classes polínicas na área de El Gharag El Sultani utilizando microscopia ótica (LM), tendo fornecido uma chave artificial e breves descrições dos tipos polínicos.

A presente investigação trata da determinação dos caracteres micro e macro-morfológicos do pólen de 41 taxa da subclasse Archichlamydeae (sensu Engler 1964) representativos da vegetação atual da área de Faiyum, utilizando microscopia ótica e eletrónica de varrimento. Esta investigação tem como objetivo fornecer informação palinológica de todos os taxa examinados, agrupar os taxa envolvidos de acordo com a semelhança nos caracteres polínicos e apresentar uma chave de identificação baseada na morfologia polínica adaptada para uso com material arqueobotânico.

Materiais e métodos

As amostras de pólen de 41 espécies representando 37 géneros e 18 famílias foram recolhidas de espécimes de herbário mantidos no Herbário da Universidade do Cairo (CAI) e de materiais frescos recolhidos no campo (Quadro 1). Todos os materiais foram retirados de anteras maduras de botões florais. A lista de espécimes investigados está de acordo com o sistema de Engler 1964; a nomenclatura dos taxa foi actualizada de acordo com Boulos (2009). Os espécimes de comprovante e as lâminas de pólen foram mantidos no Herbário da Universidade do Cairo (CAI).

Os grãos de pólen para microscópio de luz (LM) e microscópio eletrónico de varrimento (SEM) foram preparados por tratamento com KOH a 10% e pelo método de acetólise de Erdtman (Erdtman 1960). Para o microscópio de luz, as amostras foram desidratadas com uma série de etanol (60, 80 e 99,5%) após o método de acetólise, sendo depois substituídas por xileno; e foram montadas em eukitt na lâmina. As observações ao microscópio de luz foram feitas utilizando a Nikon Eclipse E 600, os tamanhos dos pólenes foram medidos com uma ampliação de 600 x e as fotografias das amostras foram tiradas com uma ampliação de 400 x. Quanto às observações ao microscópio eletrónico de varrimento, as amostras foram fixadas e revestidas com uma solução de tetróxido de ósmio a 2% após acetólise, depois desidratadas com uma série de etanol (60, 80 e 99,5%) e substituídas por xileno. Os pólenes acetolisados foram salpicados com ouro-paládio durante cerca de cinco minutos no suporte de amostras. As observações ao microscópio eletrónico de varrimento foram feitas utilizando o JEOL JSM-6300F (o laboratório do Centro de Investigação Internacional, Japão). As imagens SEM foram obtidas com uma tensão de aceleração de 3-4kv. A análise comparativa da morfologia do pólen e as medições dos parâmetros qualitativos dos grãos de pólen, bem como as preparações de pólen, foram efectuadas no laboratório do Centro Internacional de Investigação para Estudos Japoneses (Japão) e no Herbário da Universidade do Cairo gyp[(Et)] .

Todas as medições são baseadas em pelo menos 15-20 grãos de pólen para cada espécime, foram determinados vários caracteres polínicos: forma, tamanho, tipo de abertura e escultura da exina. A terminologia utilizada segue Erdtman (1952), Praglowski & Punt (1973), Praglowski & Raj (1979) e Punt *et al.* (2007).

Resultados

Os dados palinológicos dos taxa investigados estão resumidos na Tabela (2). O exame dos materiais polínicos disponíveis revelou a presença de dois grupos baseados em unidades polínicas:

A. Grupo dos grãos complexos: Grãos de pólen libertados em políades, compostos por 16 ou 32 grãos em arranjo regular. Este grupo é representado por um único tipo principal de pólen conhecido como tipo Polyads, que se subdivide em dois subtipos.

B. Grupo dos grãos simples: grãos de pólen libertados em mónadas, geralmente esferoidais ou variando de prolato-esferoidais a prolatos ou suboblatos. Com base na forma e no número de aberturas, podem distinguir-se seis tipos principais de pólen: triporado, tetra-hexa porado, pantoporado, panto- brevicolpado, tricolpado e tricolporado. Entre estes tipos principais, foram reconhecidos 16 subtipos polínicos com base na escultura da exina, na forma e no tamanho do pólen e noutros caracteres polínicos.

TABELA (1). Dados de coleção dos taxa investigados, organizados de acordo com o sistema de Engler 1964 (em ordem alfabética).

Família	Taxa examinada	Localidade
Aizoaceae	*Mesembryanthemum crystallinum* L.	Burg el Arab, Mariut; 22/3/1956; *I. El Sayed* s.n. (CAI).
Amaranthaceae	*Alternanthera sessilis* (L.) DC.	Wadi El Rayan; 15/4/2000; *Boulos* s.n.(CAI).
	Amaranthus graecizans L.	Distrito de Tamiya, Kafr Mahfous; 12/11/1982; *Abd El Ghani* 4423(CAI).
Capparáceas	*Capparies decidus* (Forssk.) Edgew.	Wadi El Allagi (parte a montante); 25/1/1963; *Tackholm et al.* s.n. (CAI).
Caryophyllaceae	*Silene rubella* L.	Perto do lago Qarun; 29/2/1988; *E. Shamso s.*n.(CAI).
	Spergularia marina (L.) Bessler	Faiyum; 29/4/1979;*A. Hosny* s.n. (CAI)
	Vaccaria hispanica (Mill.) Rauschert	Faiyum; 12/1/1952; *El Hadidi* s.n.(CAI).
Chenopodiaceae	*Arthrocnemum macrostachym* (Moric.) K. Koch.	Nos pântanos salgados perto do lago Quroun, Faiyum; 6/12/1965; *Botany Depart. Excursão* s.n.(CAI).
	Beta vulgaris L.	Kom Aushim, Faiyum; 18/3/1977; *Tackholm et al.* s.n.(CAI).
	Chenopodium album L.	Faiyum; 12/1/1959;*A. Amin* s.n.(CAI).
	Suaeda aegyptiaca (Hasselq.) Zohary	8 km de Faiyum na estrada Lahun-Faiyum; 6/10/1967; *Tackholm et al.* s.n.

		(CAI).
Crucíferas	*Brassica nigra* (L.) Koch	Faiyum; Kom Aushim; 4/3/1962; *Tackholm et al.* s.n.(CAI).
	Sinapis arvensis L.	Faiyum; Kom Aushim; *Tackholm et al.* s.n.(CAI).
Fumariaceae	*Fumaria bracteosa* Pomel	Ikingi Marut; 3/4/1977; *Kosinova et al.* s.n.(CAI).
Leguminosas	*Acacia nilotica* (L.) Delil.	Nag El -Ismailia, Ballana; 22/12/1963; *Boulos* s.n. (CAI).
	Alhagi graecorum Boiss.	Província de Beheira, Abu Hummus; 24/11/1987; *Amer* s.n. (CAI).
	Faidherbia albida (Delil.) A. Chev.	Margem do rio, Khartum, Sudão; 9/12/1954; Desconhecido (CAI).
	Lathyrus hirsutus L.	Sennuris, Faiyum; 5/5/1967; *El Hadidi* s.n.(CAI).
	Lotus halophilusBoiss . & Spruner	Província de Beheira, Idku; 29/4/1987; *Amer* s.n.(CAI).
	Lotus pusillus Viv.	25 km W de Syrte; 8/3/1968; Boulos s.n.(CAI).
	Medicago intertexta (L.) Mill.	Faiyum; 11/1/1972; *Z El Sayed* s.n.(CAI).
	Melilotus indicus	Província de Behiera, Kom Hamada; 17/1/1987; *Amer* s.n.(CAI).
	Sesbania sesban (L.) Merr.	Khour Rl Mlagi; 21/3/1962; *Abdalla et al.* s.n.(CAI).
	Trifolium resupinatum L.	Baharia Oasis, El Heig Aui Heg; 13/9/1971; *M. Iwan* s.n.(CAI).
	Vicia monantha Retz.	Oásis de Kharga e Dakhla, Dakhla: Mut; 13/2/1952; *Tackholm & Kassas* s.n.(CAI).
Malvaceae	*Malva parviflora* L.	Faiyum; 4-1-1991; *Araffa* s.n.(CAI).
Oxalidáceas	*Oxalis corniculata* L.	Bawiti, Ain Miftilla, num bosque de tamareiras; 17/7/1978; *Abd El Ghani* s.n.(CAI).
Polygonaceae	*Emex spinosa* (L.) Campd	El Faiyum; 31/1/1975; *Hossny et.al.* s.n.(CAI).
	Persicaria salicifolia (Brouss. Ex Willd.) Assenov	Cultivos Samouh atrás dos Jardins Nuzha, Alexandria; 23/3/1956; *Tackholm & El Hadidi* s.n.(CAI).
	Polygonum equsetiforme Sm.	Lago Qouran, El Faiyum; 24/4/1972; *Zahran* s.n.(CAI).
	Rumex dentatus L.	AliBey SW de MadinetElFaiyum ; 21/11/1926; G. *Tackholm* s.n.(CAI).
	Rumex pectus Forssk.	Estrada do deserto Cairo-Alexandria; 8/3/1978; *A. Soliman* s.n.(CAI).
Portulacaceae	*Portulaca oleracea* L.	Perto do lago Qarun; 29/2/1988; *E. Shamso* s.n.(CAI).
Salicáceas	*Salixmucronata* Thunb.	Jardim Zohria; 15/1/1959; Hefnawy s.n.(CAI).
Salvadoráceas	*Salvadora persica* L.	Wadi El Balie, distrito de Hurghda; 5/9/1960; *Tackholm et al.* s.n.(CAI).
Tamaricáceas	*Tamarix nilotica* (Ehrenb.) Bunge	KomAushim, Faiyum; 21/9/1959; *Tackholm* s.n.(CAI).
	Tamarix tetragyna Ehrenb.	Kom Aushim, Faiyum; 11/3/1987; *E. Shamso* s.n.(CAI).
Thymelaeaceae	*Thymelaea hirsute* (L.) Endl.	Mariut, a norte da estação de Amria ; 25/3/1927; *G. Tackholm* s.n.(CAI).
Urticáceas	*Urtica urens* L.	Província de Beheira, Damanhour; 6/3/1988; *Amer* s.n.(CAI).

Zygophyllaceae	*Fagónia Arábica* L.	Faiyum; 11/3/1987; *E. Shamso* s.n.(CAI).
	Zygophyllum coccineum L.	El Faiyum; 11/5/1973; *Sisi* et al. (CAI).

Descrição dos tipos de pólen

A. Grupo dos grãos complexos

1. *Tipo de polias:*

As pólipas são biconvexas e de contorno circular a ligeiramente elíptico, de tamanho médio a grande, com um eixo polar médio de 24,8-47,3 Pm e um diâmetro equatorial médio de 39,4-101,9 Pm; são compostas por 16 ou 32 grãos numa disposição regular. Os grãos de pólen são heteropolares, piramidais ou poligonais, com abertura colporada ou indistinta, escultura da exina foveolada ou subrugulada. Este tipo pode ser dividido em dois subtipos, a saber

QUADRO (2). Caracteres morfológicos do pólen dos taxa examinados da subclasse Archichlamydeae (os valores entre parênteses representam os comprimentos médios).

Família	**Taxa**	**Eixo polar P(-m)**	**Equatoria l eixo E (-m)**	**Rácio P/E**	**Forma em vista equatorial**	**Forma na vista polar**	**Tipo de abertura**	**Forma do Colpus**	**Forma de Ora**	**Padrão de escultura Exine**
Aizoaceae	*Mesemb ryanthemum Crystallinum*	19.2-21.7 (21.1±0.8)	18.4-21.7 (19.5±0.9)	0.96-1.18 (1.08±0.06)	Esferoidal ou subprolato	Circular	Tricolporate	Estreitamente oblonga	Afundado e Lolongado	Microperfurado - granulado
Amaranthaceae	*Altemanthera sessilis*	13.4-16.7 (14.6±1.0)	13.4-16.7 (14.6±1.0)	1.00	Esferoidal	Octógono	Pantoporado	-	Plano e circular	Metareticulado (Fenestrato)
	Amaranthus graecizans	18.4-23.4 (20.0±1.0)	18.4-23.4 (20.0±1.0)	1.00	Esferoidal	Circular	Pantoporado	-	Afundado, circular e operculado	Granulado a granulado com perfuração ténue
Capparáceas	*Capparies decidus*	15.0-20.9 (18.8±1.4)	13.4-17.5 (15.8±1.1)	0.90-1.39 (1.19÷0.90)	Esferoidal subprolato ou prolato	Circular	Tricolporate	Fusiforme	Flat & Lolongate	Perfurado
CaryophyIIaceae	*Silene rubéola*	31.7-34.5 (34.5±0.2)	31.7-34.5 (34.5±0.2)	1.00	Esferoidal	Circular	Pantoporado	-	±S unken, Circular & operculate	Microecinato-anulopunctura
	Spergularia marina	15.9-21.7 (18.7±1.4)	17.5-23.4 (19.9÷1.6)	0.85-1.09 (0.94±0.06)	Suboblato ou Esferoidal	Circular	Tricolpado	Oblongo	-	Microecinato - perfurado
	Vaccaria hispanica	35.1-40.9 (38.3±1.3)	35.1-40.9 (38.3±1.3)	1.00	Esferoidal	Circular	Pantoporado	-	±S unken, Circular & operculate	Microecinato-anulopunctura
Chenopodiaceae	*Arthrocnemum macrostachym*	20.0-23.4 (21.0±0.9)	20.0-23.4 (21.0±0.9)	1.00	Esferoidal	Circular	Pantoporado	-	Afundado, circular e operculado	Granulado - psilato
	Beta vulgaris	16.7-20.9 (18.6±1.1)	16.7-20.9 (18.6±1.1)	1.00	Esferoidal	Circular	Pantoporado	-	Afundado, circular e operculado	Granulado - psilato
	Chenopodium album	21.7-30.1 (23.8±2.0)	21.7-30.1 (23.8±2.0)	1.00	Esferoidal	Circular	Pantoporado	-	Afundado, circular e operculado	Granulado - psilato

	Suaeda aegyptiaca	21.7-26.7 (24.5±1.3)	21.7-26.7 (24.5±1.3)	1.00	Esferoidal	Circular	Pantoporado	-	Afundado, circular e operculado	Granulado - psilato
Crucíferas	*Brassica nigra*	21.7-25.1 (23.6±1.4)	21.7-26.1 (23.7±1.2)	0.93-1.2 (1.00±0.06)	Esferoidal	Triangular oblíquo	incolpado	Fusiforme	-	Reticulado com columelas livres nos lumina
	Sinapis arvensis	21.7-26.7 (23.9±1.1)	23.4-28.4 (26.5±1.2)	0.82-1.00 (0.9÷0.04)	Oblato-heroidal ou suboblato	Triangular oblíquo	Tricolpado	Fusiforme	-	Reticulado com columelas livres nos lumina
Fumariaceae	*Fumaria bracteosa*	21.7-26.7 (24.9÷1.3)	21.7-26.7 (24.9±1.3)	1.00	Sheroidal	Circular	Tetra- a hexa-porada	-	Elevado, circular e aspidado	Verrucar - perfurar
Leguminosas	*Acácia nilótica*	23.4-26.7 (24.8±0.7)	36.7-43 (39.4±1.7)	0.58-0.68 (0.63±0.03)	Oblato	Circular	Empresa	Em forma de Y	indistinto	foveolar
	Alhagi graecorum	15.0-20.0 (16.5±1.3)	13.4-15.9 (14.1±0.8)	1.00-1.50 (1.18±0.10)	Prolato-esferoidal, subprolato ou prolato	Subcircular	Tricolporate	Ligeiramente fusiforme	Criado & Iolongado	Microreticulado
	Faidherbia aibida	4.18-51.8 (47.3±4.1)	91.9-115.2 (101.9÷6.4)	0.42-0.53 (0.47±0.04)	Prolato ou oblato	Circular ou elipsoidal	indistinto	-	-	Sub-rugar
	Lathyrus hirsutus	31.7-41.8 (37.6±2.1)	22.5-30.1 (26.3±1.4)	1.22-1.64 (1.51±0.11)	Subprolato ou Prolato	Triangular oblíquo	Tricolporate	Estreitamente oblonga	Flat & Iolongate	iugular fraco
	Lotus halophilus	15.0-18.4 (16.8±0.8)	10.0-12.5 (11.6±0.6)	1.33-1.57 (1.44±0.06)	Prolate	Circular	Tricolporate	Fenda-like	Flat & Iolongate	Rugulado-fossulado
	Lotus pusillus	14.2-18.4 (16.1±1.0)	10.0-12.5 (ll.l±0.7)	1.29-1.58 (1.44±0.07)	Prolate	Circular	Tricolporate	Fenda-like	Flat & Iolongate	Rugulado-fossulado
	Medicago Intertexta	26.7-32.6 (28.8±1.4)	25.1-31.7 (27.9±1.6)	0.94-1.13 (1.03±0.05)	Esferoidal	Subcircular	Tricolporate	Estreitamente oblonga	Flat & Iolongate	Rugulado-fossulado
	Melilotus indiens	20.9-26.7 (24.2±1.3)	16.7-21.7 (18.4±1.4)	1.17-1.50 (1.32±0.08)	Subprolato ou Prolato	Subcircular	Tricolporate	Ligeiramente fusiforme	Elevado &1 alongado	Microreticulado
	Sesbania sesban	23.4-26.7 (24.2±1.0)	21.7-26.7 (24.7±1.4)	0.91-1.14 (0.98±0.06)	Esferoidal	Subcircular	Tricolporate	fusiforme	Elevado &1 alongado	Perfurado
	Trifolium resupinatum	25.1-28.4 (26.3±0.9)	19.2-23.4 (20.6±1.0)	1.15-1.39 (1.28±0.06)	Subprolato ou Prolato	Subcircular	Tricolporate	Estreitamente oblonga	±Criado e alongado	Reticulado-fossulado
	Vicia monantha	31.7-36.7 (34.1±1.4)	20.0-23.4 (22.1 ±0.9)	1.36-1.79 (1.54±0.11)	Prolate ou perprolate	Subcircular	Tricolporate	Estreitamente oblonga	±Criado e alongado	Reticulado-rugulado
Malvaceae	*Malva parviflora*	75.2-85.2 (80.3±3.0)	75.2-85.2 (80.3±3.0)	1.00	Esferoidal	Circular	Pantoporado	-	Plano e circular	Afiar, equinar e perfurar
Oxalidaceae	*Oxalis Cornieulata*	23.4-36.7 (31.1±2.5)	26.7-36.7 (32.7±2.1)	0.88-1.05 (0.95±0.05)	Esferoidal	Circular	Tricolpado	fusiforme	-	Microreticulado para perfurar
Polygonaceae	*Emex spinosa*	21.7-26.7 (24.6±1.2)	25.1-28.4 (26.4±1.2)	0.87-1.10 (0.94±0.04)	Suboblato ou esferoidal	Circular	Tricolporate	Muito curto e fusiforme	Afundado e Iolongado	Fossuladas - perfuradas com grânulos
	Persicana Salicifolia	36.7-51.8 (45.8±3.8)	36.7-51.8 (45.8±3.8)	1.00	Esferoidal	Circular	Pantoporado	-	Afundado e circular	Lopho-reticulado
	Polygonum equsetiforme	28.4-33.4	21.7-25.9	1.20-1.43 (1.31±0.05)	Subprolato ou Pro late	Subcircular	Tricolporate	oblongo	Afundado e Iolongado	Microperfurado com grânulos

		(30.0±1.2)	(23.2±0.9)							
	Rumex dentatus	21.7-26.7 (24.1±1.3)	25.1-28.4 (26.2±1.3)	0.87-1.07 (0.93±0.05)	Suboblato ou oblato-esferoidal	Circular	Tricolporate	Fenda-like	Afundado e lolongado	Fossulado - perfurado com grânulos
	Rumex pectus	18.4-21.7 (20.4±0.8)	20.0-23.4 (21.3±0.9)	0.86-1.00 (0.96±0.04)	Suboblato ou oblato-esferoidal	Subcircular	Tricolporate	Fenda-like	Afundado e lolongado	Fossuladas - perfuradas com grânulos
Portulacaceae	*Portulaca oleracea*	48.2-58.5 (53.6±3.2)	48.2-58.5 (53.6±3.2)	1.00	Esferoidal	Circular	Pantocolpato	Ligeiramente fusiforme	-	Microechinate - anulopunctate
Salicaceae	*Salix mucronata*	16.7-23.4 (20.8±1.6)	15.0-20.0 (17.1±1.4)	1.09-1.47 (1.22±0.12)	Esferoidal, ou prolato	Triangular oblíquo	Tricolporate	Fusiforme	Afundado e circular	Reticulado irregular com Columellae nos lumina
Salvadoraceae	*Salvadora persica*	10.9-15.6 (12.9±1.3)	10.9-10.0 (12.6±1.2)	0.88-1.21 (1.02±0.08)	Esferoidal ou subprolato	Triangular oblíquo	Tricolporate	Amplamente oblonga	Afundado e Ialongado	perfurar
Tamaricáceas	*Tamarix nilotica*	13.4-16.4 (14.2±0.9)	13.4-16.7 (14.6±0.9)	0.89-1.15 (0.97±0.08)	Esferoidal ou subprolato	Triangular oblíquo	Tricolpado	fusiforme	-	microreticulado
	Tamarix tetragyna	15.0-18.4 (16.9±0.9)	15.0-19.2 (16.8±1.1)	0.91-1.22 (1.00±0.08)	Esferoidal ou subprolato	Triangular oblíquo	Tricolpado	fusiforme	-	microreticulado
Thymelaeaceae	*Thymelaea hirsute*	21.7-25.1 (22.7±1.1)	21.7-25.1 (22.7±1.1)	1.00	Esferoidal	Circular	Pantoporado	-	Afundado e circular	Padrão Croton
Urticáceas	*Urtica urina*	11.7-14.2 (13.4±1.1)	11.7-16.7 (14.7±1.3)	0.84-1.00 (0.91+0.05)	Suboblato ou oblato-esferoidal	Circular	Triporado	-	Afundado, anulado e operculado	Microecinatos densamente espaçados
Zygophyllaceae	*Fagonia arabica*	15.0-20.9 (17.8±1.6)	13.4-18.4 (16.3±1.3)	0.95-1.33 (1.10±0.08)	Esferoidal ou subprolato	Circular	Tricolporate	Fusiforme	Flat & Ialongate	Microreticulado
	Zygophyllum Coccineum	9.2-10.0 (9.9+0.3)	9.0-10.2 (9.9+0.9)	0.92-1.20 (1.02±0.6)	Esferoidal ou subprolato	Circular	Tricolporate	Fusiforme	Flat & Ialongate	Microreticulado

1a. Subtipo Acacia

Glândulas circulares, de tamanho médio (23,4-26,7 Pm x 36,7-43,4 Pm), compostas por 16 grãos. Oito grãos no centro, dispostos em dois planos, cada plano com quatro grãos rodeados por oito grãos periféricos. Grãos de pólen colporados, colpos em forma de Y. Escultura da exina foveolada. (Prato 1)

Taxa examinada: *Acacia nilotica* (L.) Delile

1b. Subtipo Faidherbia

Glândulas ligeiramente elípticas, de grandes dimensões (41,8-51,8 Pm x 91,9115,2 Pm), compostas por 32 grãos. 16 grãos no centro, dispostos em dois planos, cada plano com 8 grãos rodeados por 16 grãos periféricos. Grãos de pólen com abertura indistinta. Escultura da exina subrugulada. (Prato 2).

Taxas examinadas: *Faidherbia albida* (Delile) A. Chev.

B. Grupo de grãos simples

2. *Tipo de pólen triporado*

Grãos de pólen de tamanho pequeno, com eixo polar médio 13,4 ±1,1 Pm e diâmetro equatorial médio 14,7 ±1,3 P m, suboblatos ou oblatos esferoidais em vista equatorial, circulares em vista polar. Grãos triporados, poros circulares, afundados, anulados com opérculo microecinado. Escultura da exina tectada, tectos densamente espaçados e microecinados. Este tipo caracterizado para Urticaceae (*Urtica urnes* L.), (Prato 3).

3. *Tipo de pólen Tetra- Hexaporato*

Grãos de pólen de tamanho pequeno, com dimensão média de 24,9 ±1,3 Pm, esferoidais e circulares em todas as vistas. Grãos tetra a hexaporados, poros circulares, elevados, aspidados, com opérculo psilado e membranoso. Escultura da exina tectada, teto verrucado com perfuração ténue. Este tipo caracterizado para Fumariaceae (*Fumaria bracteosa* Pomel), (Placa 4)

4. *Tipo de pantoporado*

O tamanho dos grãos de pólen varia de pequeno (13,4-25,1 Pm de diâmetro) a médio (31,7-51,8Pm de diâmetro) ou relativamente grande (75,2-85,2Pm de diâmetro), esferoidais e circulares em todas as vistas, por vezes octogonais (no género *Alternanthera*). Grãos pantoporados, poros variando de 12 a muitos porados, de contorno circular, planos ou afundados, operculados ou não operculados. Escultura da exina tectada a semitectada ou intectada, com diferentes padrões de tectos. Este tipo é representado por seis subtipos de pólen, a saber

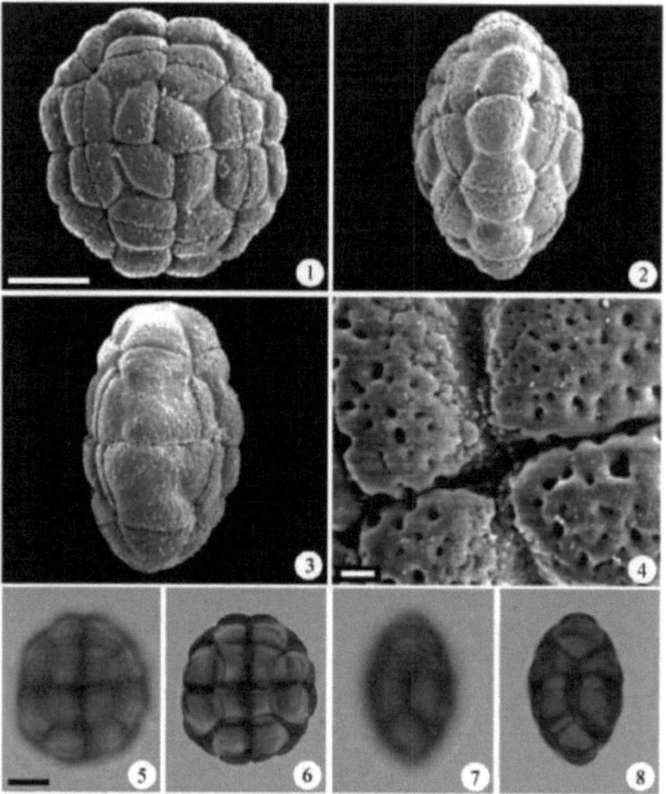

Placa (1). Tipo de pólen de Polyads (subtipo de pólen de *Acacia*)

Acacia nilotica **(L.) Delile (Leguminosae)**

1. Micrografias SEM mostrando a políade em vista polar, circular com 16 grãos e colpos em forma de Y (barra de escala = 10 Pm)

2-3. Micrografias SEM mostrando a políade em vista equatorial, oblata (barra de escala = 10Pm).

4. Micrografias SEM mostrando a escultura foveolada (barra de escala = 1Pm).

5-6. Micrografias LM mostrando a políade em vista polar (barra de escala = 10Pm).

7-8. Micrografias LM mostrando a políade em vista equatorial (barra de escala = 10Pm).

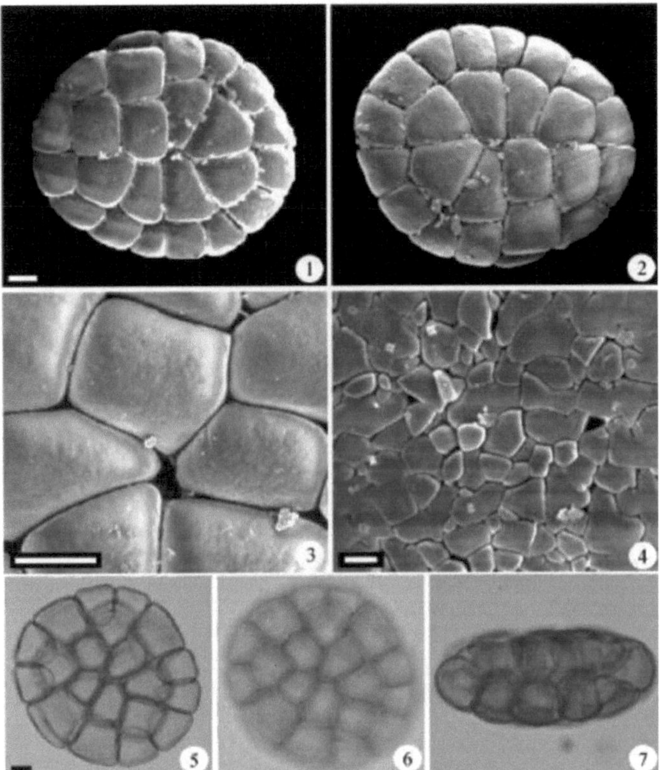

Placa (2). Tipo de pólen de Polyads (subtipo de pólen de *Faidherbia*)

***Faidherbia albida* (Delile) A.Chev. (Leguminosae)**

1-2. Micrografias SEM mostrando a poliade em vista polar, elipsoidal com 32 grãos (barra de escala = lOPm)

3. Micrografias SEM mostrando a escultura da exina (barra de escala = 1OPm).

4. Micrografias SEM mostrando escultura subrugulada (barra de escala = 1Pm). 5-6.

Micrografias LM mostrando a poliade em vista polar (barra de escala = 1OPm).

7. Micrografias LM mostrando a poliade em vista equatorial (barra de escala = 1OPm).

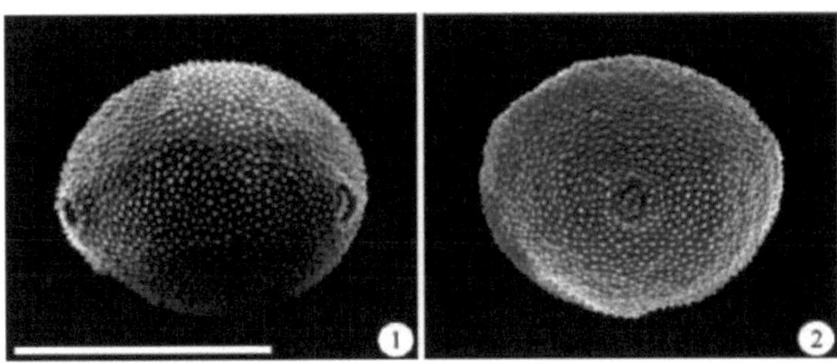

Placa (3). Tipo de pólen triporado

***Urtica urens* L. (Urticaceae)**

1-2. Micrografias SEM mostrando o pólen em vista equatorial oblato-esferoidal ou suboblato, poro afundado, anulado com opérculo microecinado, escultura microecinada densamente espaçada (barra de escala = 10Pm).

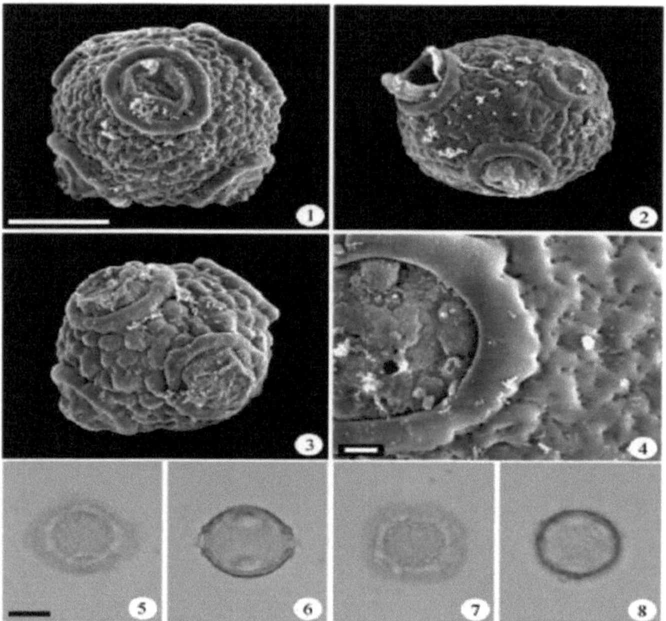

Placa (4): Tipo de pólen tetra-hexaporato

***Fumaria bracteosa* Pomel (Fumariaceae)**

1-3. Micrografias SEM mostrando o pólen em vista geral esferoidal (barra de escala = 10 Pm)

4. Micrografias SEM mostrando verrucado com escultura perfurada ténue, poros salientes, aspidados e operculados (barra de escala = 1 Pm).

5-8. Micrografias LM mostrando a vista geral do pólen (barra de escala = 10Pm).

4a. Subtipo de pólen de Persicaria:

Grãos de pólen de tamanho médio, dimensão média 45,8 ±3,8Pm, poros muitos porados, afundados, preenchendo o lúmen do retículo, não operculados. Escultura da exina semitectada, tectum com padrão lophoreticulate, lophae com padrão mural ±regular, lumina poligonal com columellae livre. Este subtipo polínico é caraterístico do género *Persicaria* (*P. salicifolia* (Brouss.ex Willd.) Assenov.), (Prato 5).

4b. Subtipo polínico de Malvaceae

Grãos de pólen de tamanho grande, dimensão média 80,3 ±3,0Pm, poros numerosos, planos, não operculados. Escultura da exina intacta, equinada e perfurada na área interespinal, perfuração densamente espaçada e irregular. Este subtipo polínico é caraterístico de Malvaceae (*Malvaparviflora* L.), (Prato 6).

4c. Subtipo Sileno-Vaccariapollen

Grãos de pólen de tamanho médio, dimensão média 34,5 ±0,2 - 38,3 ±1,3 Pm. Poros 12-muitos porados, ±sunken, operculados, opérculo com 5-6 espínulos. Escultura da exina tectada, tectum microechinate com esparsamente espaçados e até anulopunctate. Este tipo é caracterizado para o género *Silene* e para o género *Vaccaria* (*Silene rubella* L. & *Vaccaria hispanica* (Mill.) Rauschert), (Prato 7).

4d. Subtipo polínico de Thymelaeaceae

Grãos de pólen de tamanho pequeno, dimensão média de 22,7 ±1,1 Pm. Poros muitos porosos, afundados e não operculados. Escultura da exina intacta, padrão crotonado. Este subtipo polínico é caraterístico de Thymelaeaceae (*Thymelaea hirsute* (L.) Endl.), (Placa 8).

4e. Subtipo de pólen de Alternanthera

Grãos de pólen de tamanho pequeno, dimensão média 14,6 ±1,0Pm, octogonais em todas as vistas. Poros 12, cada um preenchendo o lúmen do retículo, ± planos com membrana estriada. Escultura da exina semitectada, padrão metareticulado (fenestrado), retículo com padrão mural regular, muri microechinate e fracamente perfurado. Este subtipo polínico é caraterístico do género *Alternanthera* (*A. sessilis* (L.)DC.), (Prato 9).

4f. Subtipo polínico Amaranthus-Chenopodiaceae

Grãos de pólen de tamanho pequeno, dimensão média 18,6 ±1,1 - 24,5 ±1,3 Pm. Poros numerosos, afundados, operculados, opérculo com muitos grânulos grosseiros. Escultura da exina granulada - psilada a granulada - fracamente perfurada. Este subtipo polínico é caraterístico do género *Amaranthus* e da família Chenopodiaceae

(*Amaranthus graecizans* L., *Arthrocnemum macrostachyum* (Moric.)K. Koch, *Beta vulgaris* L., *Chenopodium album* L. & *Suaeda aegyptiaca* (Hasselq.) Zohary, (Prato 10)

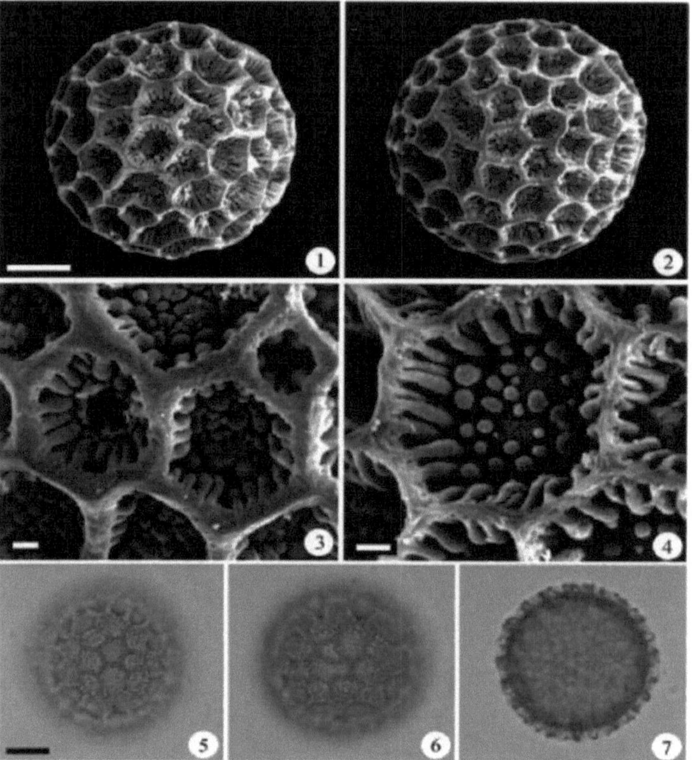

Placa (5). Tipo de pólen Pantoporado (subtipo de pólen *Persicaria*)

***Persicaria salicifolia* (Brouss. ex Willd.) Assenov (Polygonaceae)**

1-2. Micrografias SEM mostrando o pólen em vista geral esferoidal, muitos porados (barra de escala = 10 Pm)

3. Micrografias SEM mostrando escultura de padrão lophoreiiculado, poros afundados e preenchendo o lúmen do retículo (barra de escala = 1 Pm).

4. Micrografias SEM mostrando lumina poligonal com columelas livres (barra de escala = 1 Pm).

5-7. Micrografias LM mostrando a vista geral do pólen (barra de escala = 10Pm).

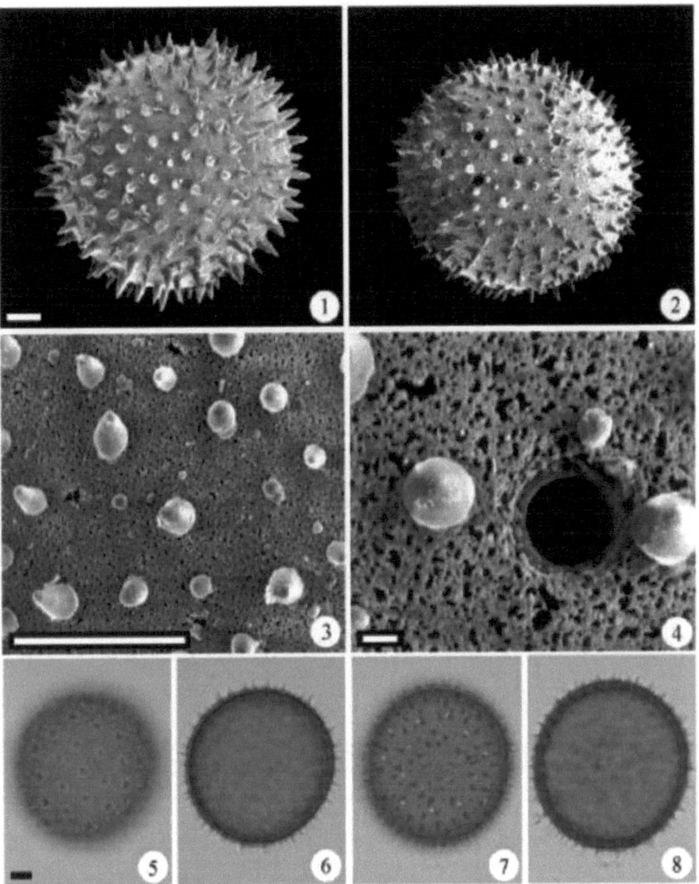

Placa (6). Tipo de pólen Pantoporado (subtipo polínico Malvaceae)

Malva parviflora **L. (Malvaceae)**

1-2. Micrografias SEM mostrando o pólen em vista geral esferoidal, muitos porados (barra de escala = lOPm)

3. Micrografias SEM mostrando escultura equinata-perfurada nítida (barra de escala = 1OPm).

4. Micrografias SEM mostrando perfurações densamente espaçadas e irregulares, poros planos e não operculado (barra de escala = 1 Pm).

5-8. Micrografias LM mostrando a vista geral do pólen (barra de escala = 1OPm).

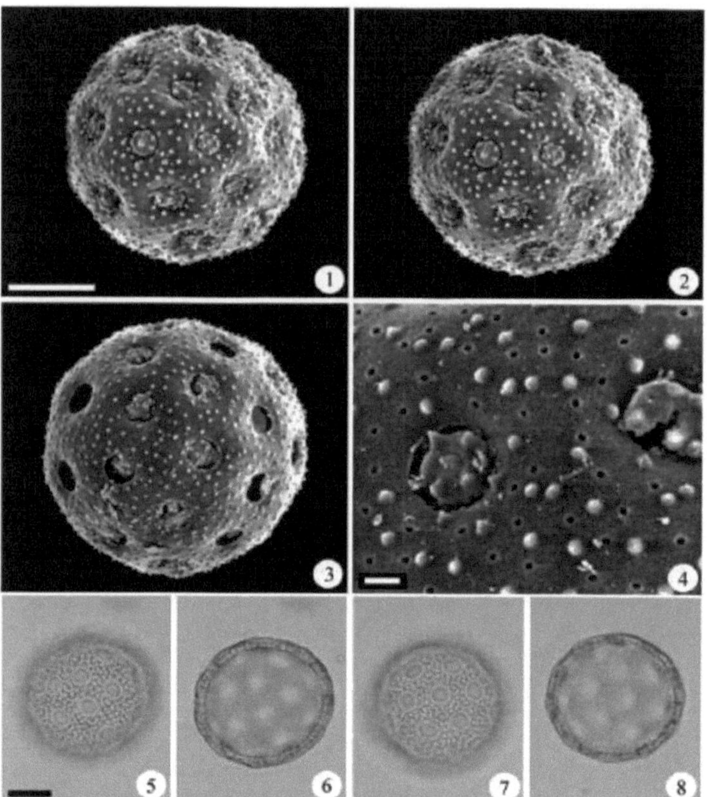

Placa (7). Tipo de pólen Pantoporado (subtipo de pólen *Silene-Vaccaria*)

***Silene rubella* L. (Caryophyllaceae)**

1-3. Micrografias SEM mostrando pólen circular em todas as vistas com muitos poros, poros afundados e operculados, opérculo com 5-6 espínulos (barra de escala = 10Pm).

4. Micrografias SEM mostrando microechinato com escultura anulopunctada (barra de escala = 1 Pm)

5-8. Micrografias LM, (vista geral), barra de escala = 10 Pm

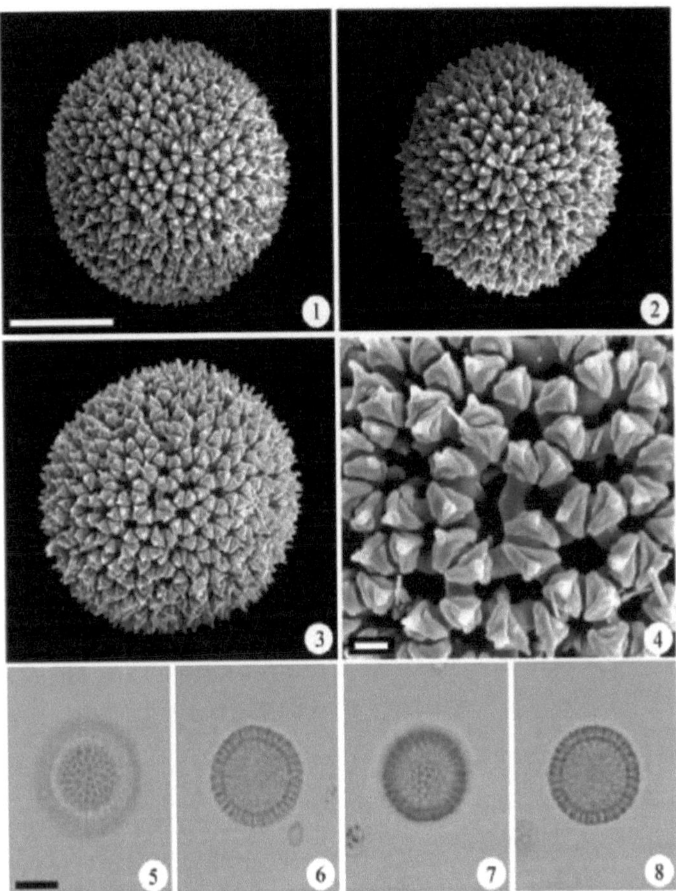

Placa (8). Tipo polínico pantoporado (subtipo polínico Thymelaeaceae) *Thymelaea hirsute* (L.) Endl. (Thymelaeaceae)

1-3. Micrografias SEM mostrando o pólen em vista geral esferoidal, (barra de escala = lOPm)

4. Micrografias SEM mostrando a escultura de padrão crotonado microecinado (barra de escala = 1Pm).

5-8. Micrografias LM mostrando a vista geral do pólen (barra de escala = 1OPm).

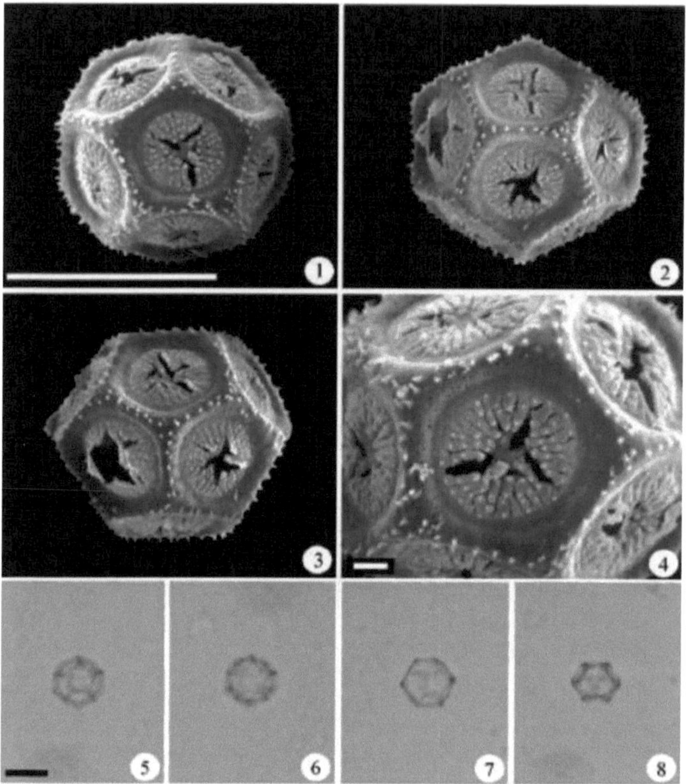

Placa (9). Tipo polínico pantoporado (subtipo polínico *Alternanthera*)

***Alternanthera sessilis* (L.) DC. (Amaranthaceae)**

1-3. Micrografias SEM mostrando o pólen octogonal em todas as vistas com 12 poros, poros planos e membrana estriada (barra de escala = 10Pm).

4. Micrografias SEM mostrando a escultura Metareticulada (barra de escala = 1 Pm). 5-8. Micrografias LM, (vista geral), barra de escala = 10Pm

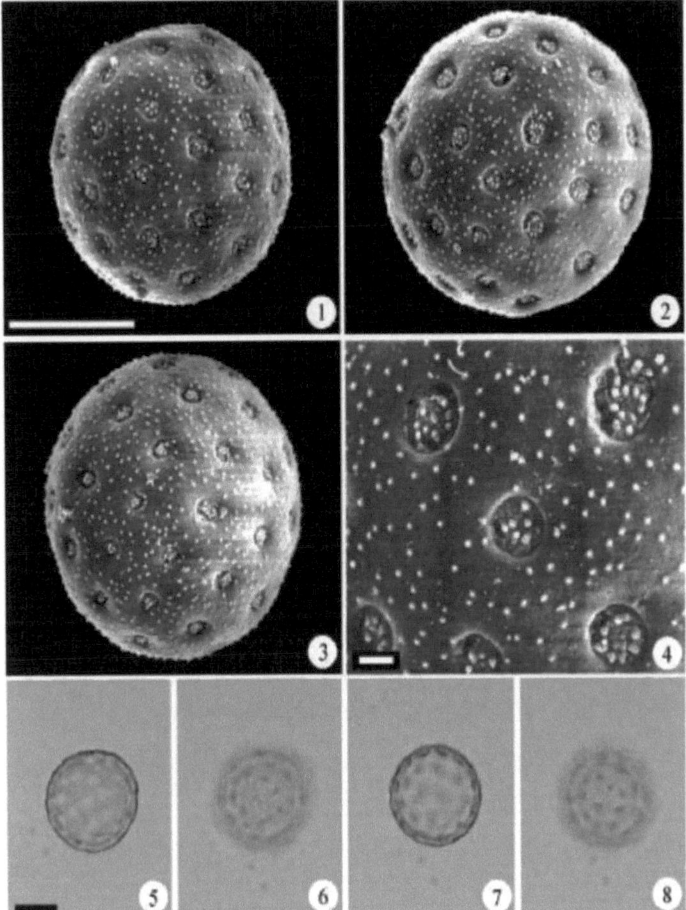

Placa (10). Tipo polínico pantoporado (subtipo polínico *Amaranthus-Chenopodiaceae*) *Chenopodium album* L. (Chenopodiaceae)

1-3. Micrografias SEM mostrando circular em todas as vistas com muitos poros, poros afundados e operculados, opérculo com muitos grânulos (barra de escala = 10Pm).

4. Micrografias SEM mostrando a escultura de granulado - psilato (barra de escala =

1 Pm) 5-8. Micrografias LM, (vista de conjunto), barra de escala = 10 Pm

Grãos de pólen de tamanho relativamente grande, dimensão média 53,6 ±3,2Pm, esferoidais e circulares em todas as vistas. Grãos pantobrevicolpados, colpos curtos, fusiformes. Escultura da exina tectada, tectum microechinate com anulopunctate afiado (perfuração densamente espaçada e uniforme). Este tipo é caracterizado para

Portulacaceae (*Portulaca oleracea* L.), (Placa 11).

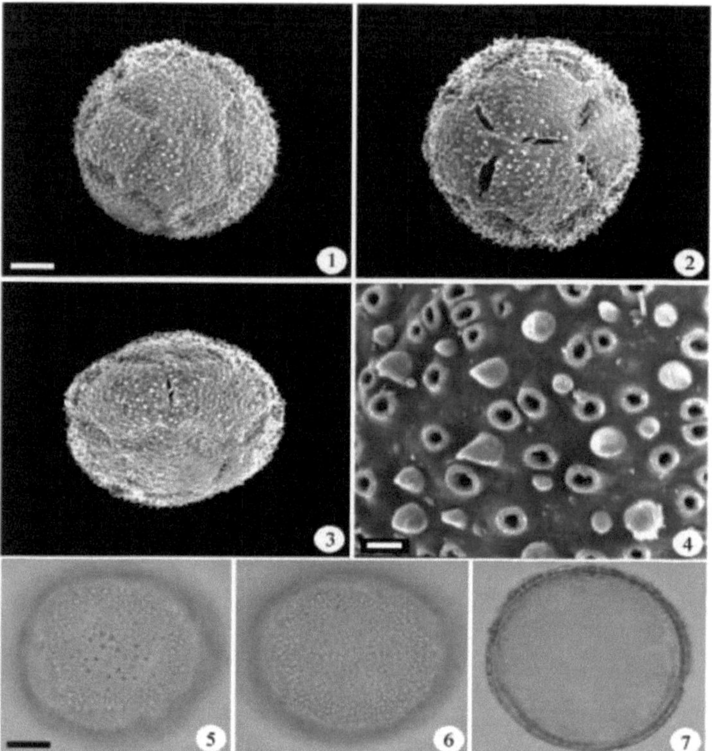

Placa (11). Tipo polínico pantobrevicolpado

***Portulaca oleracea* (portulacaceae)**

1-3. Micrografias SEM mostrando o pólen em vista geral esferoidal, colpos curtos e fusiformes, (barra de escala = 10 Pm)

4. Micrografias SEM mostrando microecinato com escultura anulopunctada afiada (barra de escala = 1Pm).

5-7. Micrografias LM mostrando a vista geral do pólen (barra de escala = 10Pm).

Grãos de pólen de tamanho pequeno a médio, com eixo polar médio variando de 14,2 ±0,9- 31,1 ±2,5 Pm, diâmetro equatorial médio variando de 14,6 ±0,9-32,7 ±2,1 Pm, esferoidais a oblatos - esferoidais ou suboblatos em vista equatorial e circulares ou obtusamente triangulares em vista polar. Grãos tricolpados, colpos apocolpados, fusiformes a oblongos, com ápice agudo a obtuso, membrana dos colpos escabrosa a densamente granulada. Escultura da exina tectada a semitectada, tectum varia de reticulado a microreticulado-perfurado ou granulado-perfurado. Este tipo inclui quatro subtipos que podem ser distinguidos da seguinte forma

6a. Subtipo de pólen de Spergularia

Grãos de pólen de tamanho pequeno, eixo polar médio 18,7 ±1,4Pm, diâmetro equatorial médio 19,9 ±1,6Pm, esferoidais ou suboblatos em vista equatorial e circulares em vista polar. Colpos oblongos com ápice obtuso, membrana dos colpos densamente granulada. Escultura da exina tectada, tectum granulado -perfurado. Este subtipo polínico é caraterístico do género *Spergularia* (*S. marina* (L.) Bessler), (Prato 12).

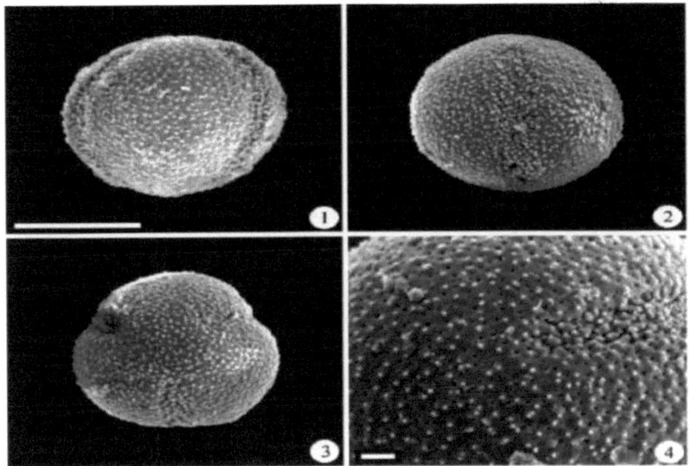

Placa (12). Tipo de pólen tricolpado (subtipo de pólen de *Spergularia) Spergularia marina* (L.) Bessler (Caryophyllaceae)

1-2. Micrografias SEM mostrando o pólen em vista equatorial, esferoidal ou suboblato, colpos oblongos com ápice obtuso, (barra de escala = 10Pm)

3. Micrografias SEM mostrando o pólen em vista polar circular, (barra de escala = 10Pm).

4. Micrografias SEM mostrando a escultura granulada-perfurada, (barra de escala = 1Pm).

6b. Subtipo polínico de Cruciferae

Grãos de pólen de tamanho pequeno, eixo polar médio de 23,6 ±1,4- 23,9 ±1,1 Pm, diâmetro equatorial médio de 23,7 ±1,2- 26,5 ±1,2Pm, esferoidais, oblato-esferoidais ou suboblatos em vista equatorial e obtusamente triangulares em vista polar. Colpos fusiformes com ápice agudo, membrana dos colpos densamente granulada. Escultura da exina semitectada, tectum reticulado, retículo com columelas livres nos lumina. Este subtipo polínico é caraterístico de Cruciferae (*Brassica nigra* (L.) Koch, *Sinapis arvensis* L.), (Prato 13).

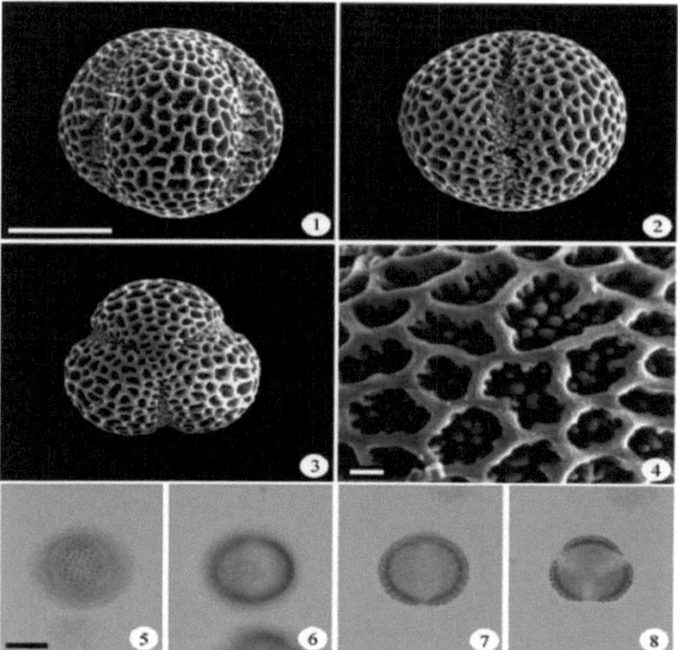

Placa (13). Tipo polínico tricolpado (subtipo polínico *Cruciferae*)

***Brassica nigra* (L.) Koch (Cruciferae)**

1-2. Micrografias SEM mostrando o pólen em vista equatorial, esferoidal ou oblato-esferoidal, colpos fusiformes com ápice agudo, (barra de escala = 10 Pm)

3. Micrografias SEM mostrando o pólen em vista polar obtusamente triangular, (barra de escala =10 Pm).

4. Micrografias SEM mostrando uma escultura reticulada com columelas livres nos lúmens, (barra de escala = 1Pm).

5-7. Micrografias LM mostrando o pólen em vista equatorial (barra de escala = 10Pm).

8. Micrografias LM mostrando o pólen em vista polar (barra de escala = 10Pm).

6c. Subtipo polínico de Tamaricaceae

Grãos de pólen de tamanho pequeno, eixo polar médio de 14,2 ±0,9-16,9 ±0,9 Pm, diâmetro equatorial médio de 14,6 ±0,9-16,8 ±1,1 Pm, esferoidais ou subprolatos em vista equatorial e obtusamente triangulares em vista polar. Colpos fusiformes com ápice agudo, membrana dos colpos psilada-escabrosa. Escultura da exina tectada, tectum microreticulado a perfurado. Este subtipo polínico é caraterístico das Tamaricaceae (*Tamarix nilotica* (Ehrenb.)Bunge & *T. tetragyna* Ehrenb.), (Prato 14)

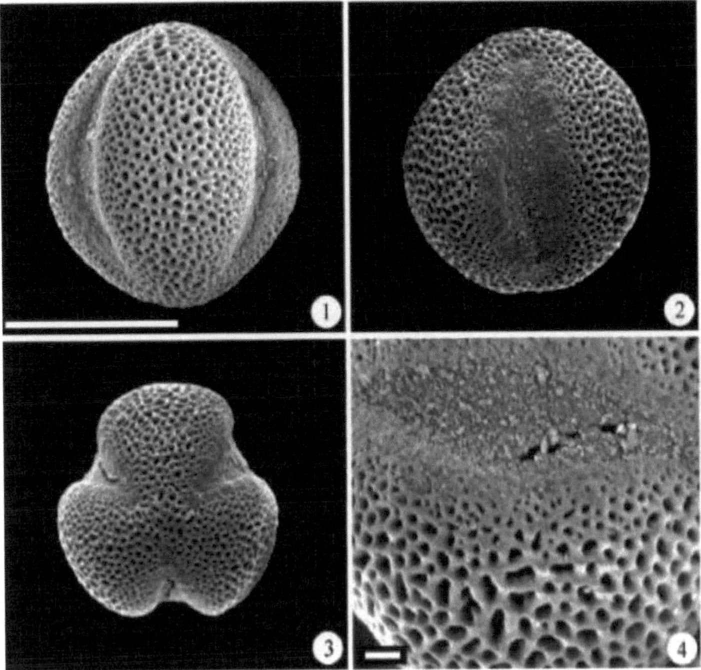

Placa (14). Tipo polínico tricolpado (subtipo polínico Tamaricaceae) *Tamarix tetragyna* Ehrenb. (Tamaricaceae)

1-2. Micrografias SEM mostrando pólen em vista equatorial esferoidal ou subprolato, colpos fusiformes com ápice agudo (barra de escala = 10 Pm)

3.Micrografias SEM mostrando o pólen em vista polar obtusamente triangular (barra de escala = 10Pm).

4.Micrografias SEM mostrando escultura microreticulada a perfurada (barra de escala = 1Pm).

6d. Subtipo polínico de Oxalidaceae

Grãos de pólen de tamanho médio, eixo polar médio 31,1 ±2,5 Pm, diâmetro equatorial médio 32,7 ±2,1 Pm, esferoidais em vista equatorial e circulares em vista polar. Colpos fusiformes com ápice agudo, membrana dos colpos densamente granulada a rugulada. Escultura da exina tectada, tectum microreticulado a perfurado. Este subtipo polínico é caraterístico de Oxalidaceae (*Oxalis corniculata* L.), (Prato

15).

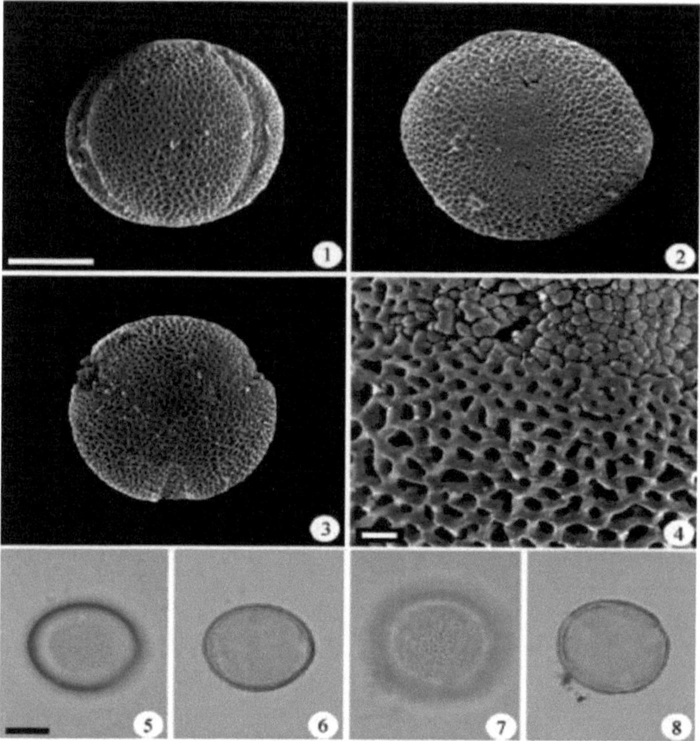

Placa (15). Tipo polínico tricolpado (subtipo polínico Oxalidaceae)

***Oxalis corniculata* L. (Oxalidaceae)**

1-2. Micrografias SEM mostrando o pólen em vista equatorial esferoidal, colpos fusiformes com ápice agudo (barra de escala = 10Pm)

3. Micrografias SEM mostrando o pólen em vista polar circular (barra de escala = 10Pm).

4. Micrografias SEM mostrando a escultura microreticulada, membrana do colpo rugulada (barra de escala = 1Pm).

5-7. Micrografias LM mostrando o pólen em vista equatorial (barra de escala = 10Pm).

8. Micrografias LM mostrando o pólen em vista polar (barra de escala = 10Pm).

Grãos de pólen de tamanho pequeno a médio, com eixo polar médio variando de 9,9 ±0,9- 37,6 ±2,5P m, diâmetro equatorial médio variando de 9,9 ±0,9- 27,9 ±2,1 Pm, esferoidais a prolatos - esferoidais ou subprolatos a prolatos em vista equatorial e circulares ou obtusamente triangulares em vista polar. Grãos tricolpados, colporos apocolpados por vezes sincolpados, muito curtos ou longos, fusiformes a oblongos a fendilhados, com ápice agudo a obtuso, membrana dos colpos psilada ou granulada a grosseiramente rugulada, margo distinto ou indistinto. A escultura do exina é tectada ou semitectada, o teto varia de perfurado a reticulado ou rugulado. Este tipo inclui seis subtipos que podem ser distinguidos da seguinte forma

7a. Subtipos polínicos do grupo Melilotus

Grãos de pólen de tamanho pequeno com eixo polar médio variando de 16,5 ±1,3-24,2 ±1,0Pm, diâmetro equatorial médio variando de 14,1 ±0,8- 24,7 ±1,4Pm, esferoidais a prolatos - esferoidais ou subprolatos a prolatos em vista equatorial e subcirculares em vista polar. Colporos apocolpados, fusiformes com ápice agudo, membrana dos colpos grosseiramente rugulada, margo distinto, psilado a perfurado. Ora elevada e lolongada. Escultura da exina tectada, tectum perfurado a microreticulado. Este subtipo é caracterizado em *Melilotus* (*M. indicus* (L.) All.), *Alhagi* (*A. graecorum* Boiss.) e *Sesbania* (*S. sesban* (L.) Merr.), (Prato 16)

7b. Subtipo polínico do grupo Vicia

Grãos de pólen de tamanho médio com eixo polar médio variando de 26,3 ±0,9-34,1 ±1,4Pm, diâmetro equatorial médio variando de 20,6 ±1,0- 22,1 ±0,9P m, prolato ou subprolato em vista equatorial e subcircular em vista polar. Colporos apocolpados, oblongos a fendidos com ápice agudo, membrana dos colpos indistinta, margo distinto, psilado a perfurado. Ora ligeiramente elevada e lolongada. Escultura da exina tectada, teto irregular reticulado-rugulado a reticulado- fossulado. Este subtipo é caracterizado para *Vicia* (*V. monantha* Retz.) e *Trifolium* (*T. resupinatum* L.), (Placa 17).

7c. Subtipo de pólen do grupo Lotus

Grãos de pólen de tamanho pequeno a médio, com eixo polar médio variando de 16,1 ±1,0- 37,6 ±2,1 Pm, diâmetro equatorial médio variando de 11,1 ±0,7-24,9 ±1,4Pm, esferoidais, prolatos ou subprolatos em vista equatorial e circulares a obtusamente triangulares em vista polar. Colporos apocolpados, oblongos a fendidos com ápice agudo, membrana dos colpos psilada a granulada, margo indistinto. Ora não elevada e lolongada. Escultura da exina tectada, tectum rugulado a rugulado-fossulado. Este subtipo é caraterístico de *Lotus* (*L. pusillus* Viv. & *L. halophilus* Boiss. & Spruner), *Lathyrus* (*L. hirsutus* L.) e *Medicago* (*M. intertexta* (L.) Mill var. *ciliaris* (L.) Heyn), (Prato 18).

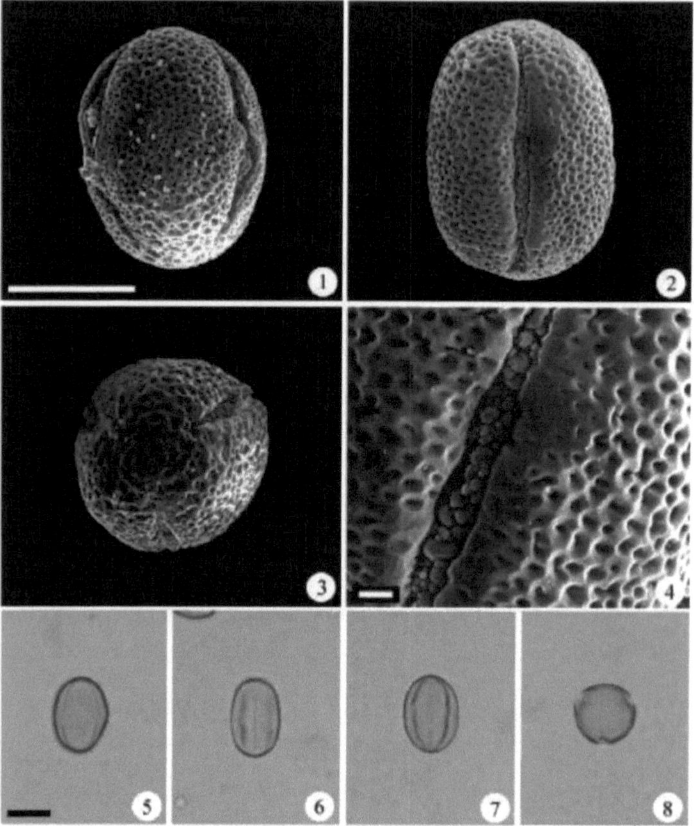

Placa (16). Tipo polínico tricolporado (subtipo polínico *do grupo Melilotus*)

***Melilotus indicus* (L.) All. (Leguminosae)**

1-2. Micrografias MEV mostrando o pólen em vista equatorial subprolato ou prolato, colpos estreitamente iUsiformes com ápice agudo, margo distinto (barra de escala = 10Pm)

3. Micrografias SEM mostrando o pólen em vista polar subcircular, (barra de escala = 10Pm).

4. Micrografias SEM mostrando a escultura microreticulada e a membrana do colpo rugulada, (barra de escala = 1 Pm).

5-7. Micrografias LM mostrando o pólen em vista equatorial (barra de escala = 10Pm).

8. Micrografias LM mostrando o pólen em vista polar (barra de escala = 10Pm).

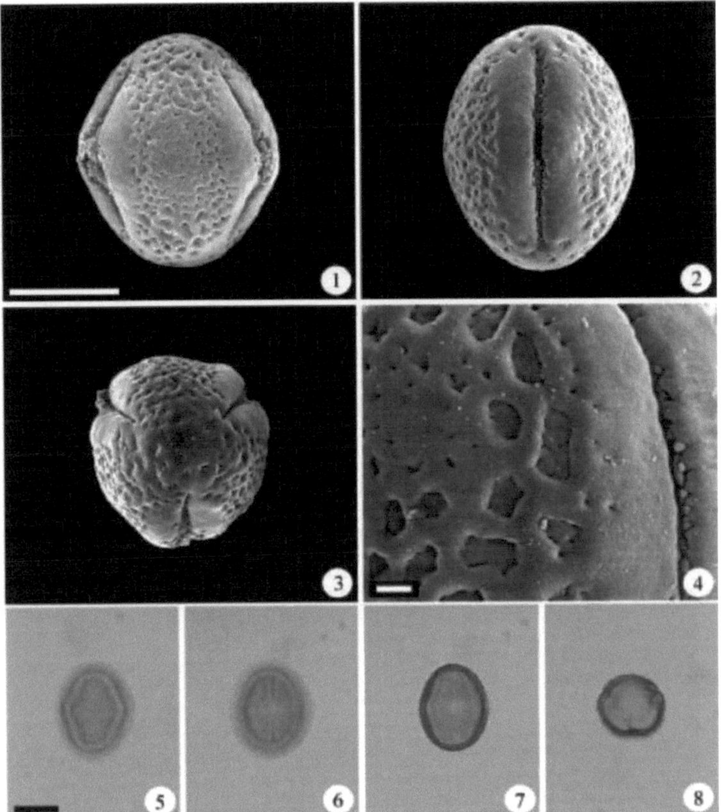

Placa (17). Tipo de pólen tricolporado (subtipo de pólen *do grupo Vicia*) *Trifolium resupinatum* L. (Leguminosae)

1-2. Micrografias MEV mostrando o pólen em vista equatorial subprolato ou prolato, colpos estreitamente oblongos com ápice agudo, margo distinto (barra de escala = 10 Pm) 3. Micrografias MEV mostrando o pólen em vista polar subcircular, (barra de escala = 10Pm). 4. Micrografias SEM mostrando escultura reticulada-fossulada, (barra de escala = 1 Pm). 5-7. Micrografias LM mostrando o pólen em vista equatorial (barra de escala = 10Pm).

8. Micrografias LM mostrando o pólen em vista polar (barra de escala = 10Pm).

7d. Subtipo polínico de Salicaceae

Grãos de pólen de tamanho pequeno com eixo polar médio de 20,8 ÷1,6Pm, diâmetro equatorial médio de 17,1 ±1,4Pm, esferoidais, subprolatos ou prolatos em vista equatorial e obtusamente triangulares em vista polar. Colporos sincolpados, fusiformes com ápice agudo, membrana dos colpos granulada, margo distinto, psilado a perfurado. Ora afundada e circular. Escultura da exina semitectada, teto irregular reticulado com grânulos na lumina. Este subtipo é caracterizado para Salicaceae (*Salix mucronata* Thunb.), (Prato 19).

7e. Subtipo polínico do grupo Polygonaceae

Grãos de pólen de tamanho pequeno a médio, com eixo polar médio variando de 20,4 ±0,8- 30,0±1,2Pm, diâmetro equatorial médio variando de 19,5 ±0,9-26,4 ±1,2Pm, esferoidais a oblatos - esferoidais ou prolatos em vista equatorial e circulares a subcirculares em vista polar. Colporos apocolpados, oblongos a fendidos (muito curtos e fusiformes no género *Emex*) com ápice agudo, membrana dos colpos escabrosa por vezes indistinta, margo indistinto. Ora afundada e lolongada. Escultura da exina tectada, tectum fossulado - perfurada a microperfurada com grânulos densos ou pouco espaçados. Este subtipo é caracterizado por Aizoaceae (*Mesembryanthemum crystallium* L.) e Polygonaceae exceto *Persicaria* (*Emex spinosa* (L.) Campd, *Polygonum equsetiforume* Sm., *Rumex dentatus* L. & *R. pictus* Forssk.), (Placa 20 & 21).

7f. Subtipo polínico do grupo Zygophyllaceae

Grãos de pólen de tamanho pequeno, com eixo polar médio variando de 9,9 ±0,3-18,8 ±1,4 Pm, diâmetro equatorial médio variando de 9,9 ±0,9-16,3 ±1,3 Pm, esferoidais, subprolatos ou prolatos em vista equatorial e obtusamente triangulares ou circulares em vista polar. Colporos apocolpados, amplamente oblongos com ápice obtuso ou fusiformes com ápice agudo, membrana dos colpos psilada, margo distinto, psilado a perfurado. Ora não elevada e lolongada ou lalongada. Escultura da exina tectada, tectum perfurado a microreticulado. Este subtipo é caracterizado para Capparaceae (*Capparis decidus* (Forssk.) Fdgew.), Salvadoraceae (*Salvadora persica* L.) e Zygophyllaceae (*Fagonia arabica* L. & *Zygophyllum coccineum* L.), (Placa 22).

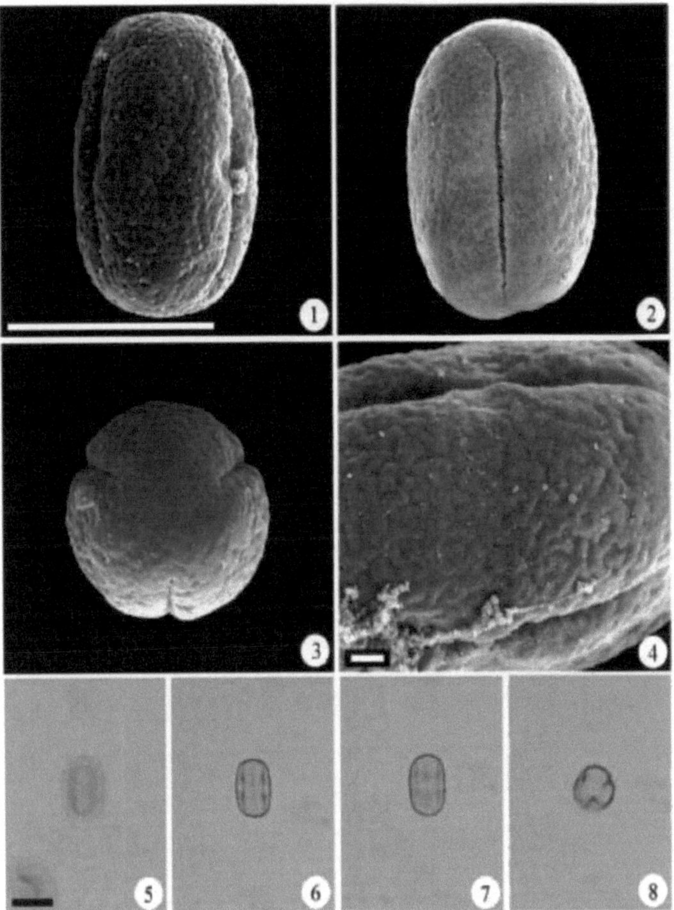

Placa (18). Tipo de pólen tricolporado (subtipo de pólen do grupo *Lotus*) *Lotus halophilus* Boiss. & Spruner (Leguminosae)

1-2. Micrografias SEM mostrando pólen em vista equatorial, prolato, colpos fendidos com ápice agudo, (barra de escala = 10 Pm)

3.Micrografias SEM mostrando o pólen em vista polar circular, (barra de escala = 10Pm).

4.Micrografias SEM mostrando a escultura rugulada-fossulada, (barra de escala = 1Pm). 5

7.Micrografias LM mostrando o pólen em vista equatorial (barra de escala = 10Pm).

8.Micrografias LM mostrando o pólen em vista polar (barra de escala = 10 Pm)

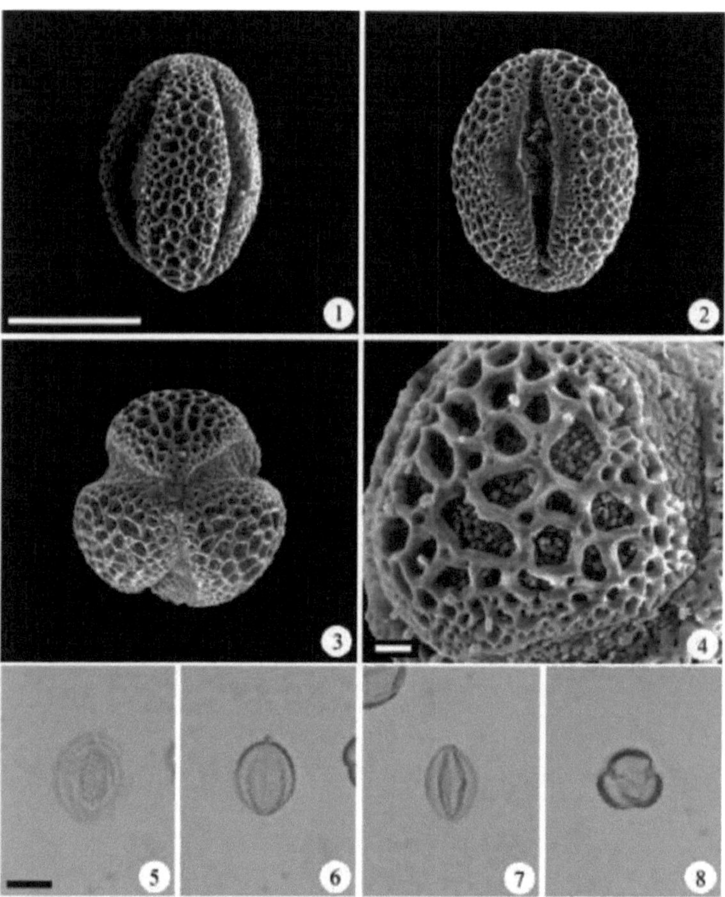

Placa (19). Tipo polínico tricolporado (subtipo polínico Salicaceae)

Salix mucronata **Thunb. (Salicaceae)**

1-2. Micrografias MEV mostrando o pólen em vista equatorial subprolato ou prolato, colpos fusiformes com ápice agudo, margo distinto (barra de escala = 10 Pm)

3. Micrografias SEM mostrando o pólen em vista polar obtusamente triangular, sincolpado (barra de escala = 10Pm).

4. Micrografias SEM mostrando reticulado irregular com grânulos na escultura da lumina (barra de escala = 1Pm).

5-7. Micrografias LM mostrando o pólen em vista equatorial (barra de escala = 10Pm).

8. Micrografias LM mostrando o pólen em vista polar (barra de escala = 10Pm).

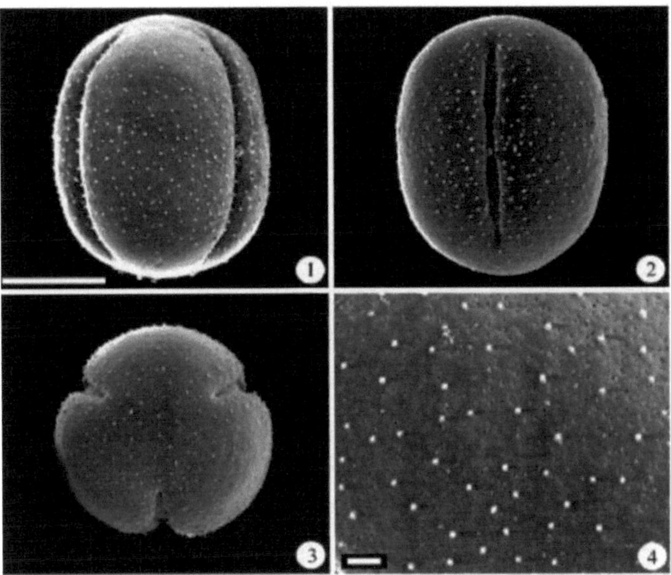

Placa (20). Tipo polínico tricolporado (subtipo polínico do grupo Polygonaceae) ***Polygonum equsetiforme*** **Sm. (Polygonaceae)**

1-2. Micrografias SEM mostrando o pólen em vista equatorial subprolato ou prolato, colpos oblongos com ápice agudo, margo indistinto (barra de escala = 10 Pm)

3. Micrografias SEM mostrando o pólen em vista polar subcircular, (barra de escala = 10Pm).

4. Micrografias SEM mostrando a escultura microperfurada-granulada (barra de escala = 1Pm).

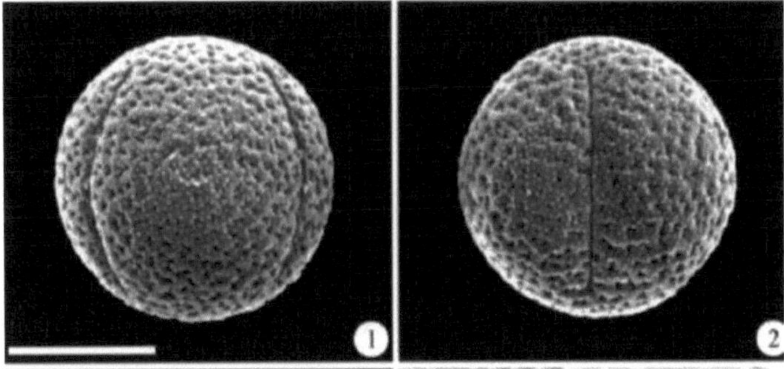

Rumexpictus **Forssk. (Polygonaceae)**

1-2. Micrografias SEM mostrando o pólen em vista equatorial suboblato ou oblato esferoidal, colpus em forma de fenda e fossulado-perfurado com escultura de grânulos (barra de escala = 10Pm)

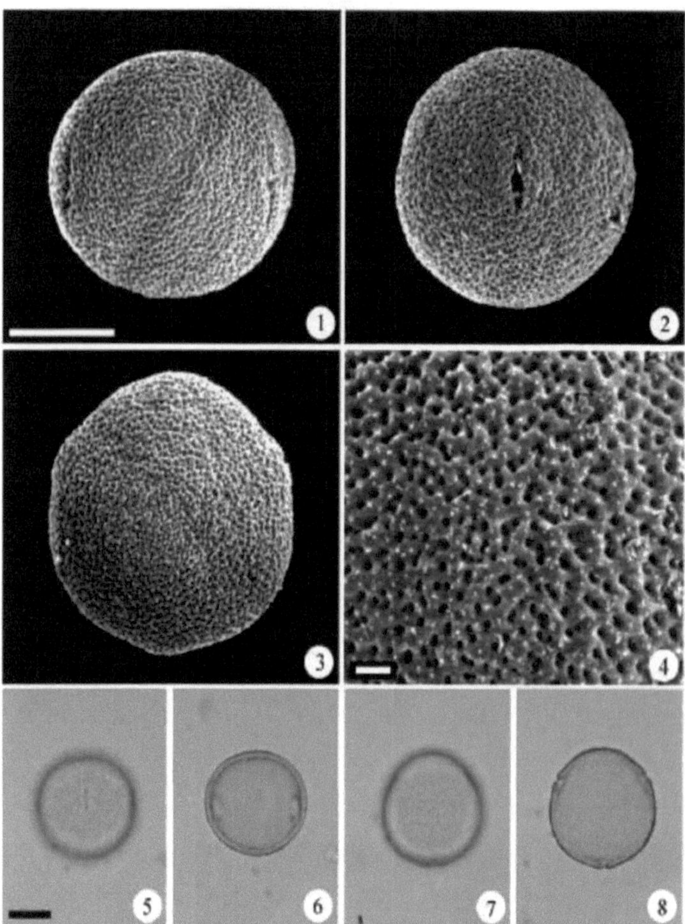

Placa (21). Tipo polínico tricolporado (subtipo polínico do grupo Polygonaceae)

Emex spinosa (L.) **Campd (Polygonaceae)**

1-2. Micrografias SEM mostrando o pólen em vista equatorial suboblato ou esferoidal, colpos curtos e fusiformes com ápice agudo, margo indistinto (barra de escala = 10Pm)

3. Micrografias SEM mostrando o pólen em vista polar circular, (barra de escala = 10Pm).

4. Micrografias SEM mostrando escultura fossilizada-perfurada com grânulos densos (barra de escala = 1Pm).

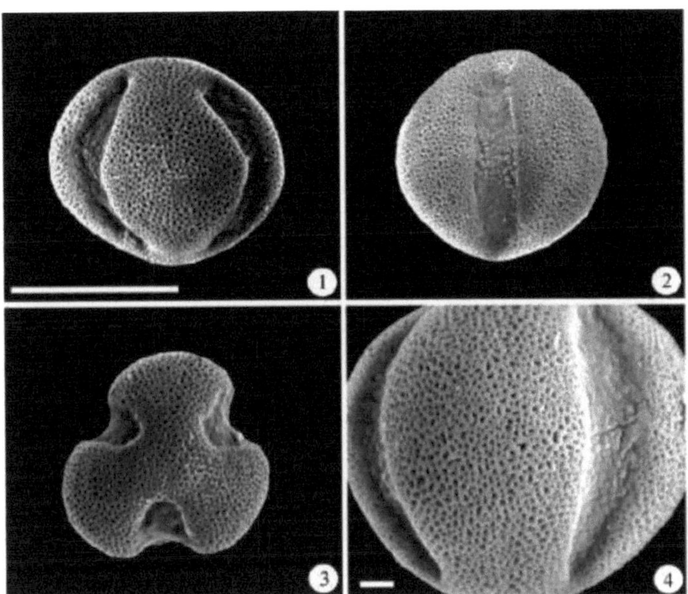

Placa (22). Tipo polínico tricolporado (subtipo polínico do grupo Zygophyllaceae) ***Salvadora pesica*** **Wall. (Salvadoraceae)**

1-2. Micrografias SEM mostrando o pólen em vista equatorial esferoidal ou subprolato, colpos amplamente oblongos com ápice obtuso, margo distinto e perfurado (barra de escala = 10 Pm)

3. Micrografias SEM mostrando o pólen em vista polar obtusamente triangular (barra de escala =10 Pm).

4. Micrografias SEM mostrando a escultura perfurada (barra de escala = 1Pm).

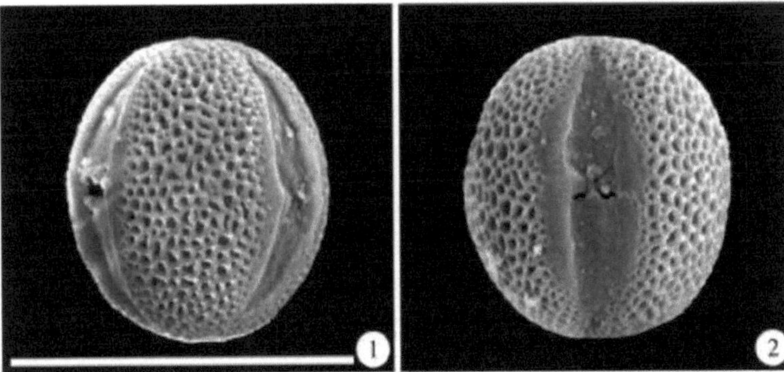

Zygophyllum coccineum **L. (Zygophyllaceae)**

1-2. Micrografias SEM mostrando o pólen em vista equatorial esferoidal ou subprolato, colpos fusiformes com ápice agudo, margo distinto e psilado. Escultura microreticulada (barra de escala = 10 Pm)

Discussão

As micrografias electrónicas de varrimento melhoraram muito a caraterização e interpretação das características morfológicas do pólen (Sowunmi, 1995). A MEV dos 41 taxa de diferentes famílias da subclasse Archiclamydeae na província de Faiyum forneceu mais informações sobre a morfologia do pólen e complementou as observações de microscopia ótica. O número e a forma das aberturas, o tamanho e a forma dos grãos de pólen e os padrões da exina foram de grande importância para o diagnóstico entre os taxa examinados.

Com base nas unidades polínicas, são reconhecidos dois grupos principais: o grupo complexo e o grupo simples. O grupo complexo é representado por um único tipo principal de pólen, conhecido como tipo poliadálico, no qual os grãos de pólen são libertados em grupos de 16-32 grãos. Este tipo restringe-se à subfamília Mimosoideae e subdivide-se ainda, de acordo com o número de grãos, em dois subtipos: subtipo de pólen de *Acacia* (16 grãos em cada poliadálico) e subtipo de pólen de *Faidherbia* (32 grãos em cada poliadálico).

De acordo com o número e a forma das aberturas, o grupo único (mónadas) compreende seis tipos polínicos, dos quais os tipos triporado, tetra-hexaporato e pantobrevicolpado são caracterizados para as famílias Urticaceae, Fumariaceae e Portulacaceae, respetivamente.

Os grãos de pólen do tipo pantoporado são caracterizados por terem uma forma esferoidal com diferentes tamanhos e padrões de escultura da exina. Seis famílias estão incluídas neste tipo, distribuídas em seis subtipos: Malvaceae, Thymelaeaceae, Chenopodiaceae, Amaranthaceae, Caryophyllaceae e Polygonaceae (*Persicaria*).

De entre os pólenes investigados, o pólen de Malvaceae é o maior, com dimensões entre 75,2-85,2Pm, com tectum equinato acentuado (subtipo de pólen de Malvaceae), enquanto o pólen de Thymelaeaceae é caracterizado por um tectum de padrão croton (subtipo de pólen de Thymelaeaceae).

Amaranthaceae é aqui representada por dois géneros, *Amaranthus* (subfamília

Amaranthoideae) e *Alternanthera* (subfamília Gomphrenoideae). Ambos os géneros produzem dois subtipos diferentes de grãos de pólen, sendo o subtipo de pólen de *Alternanthera* caracterizado por grãos de pólen octogonais em todas as vistas, poros 12 e padrão metareticulado da escultura da exina; enquanto o subtipo de pólen *de Amaranthus* tem grãos de pólen circulares em todas as vistas, poros com mais de 12 e escultura da exina granulada. Estes resultados concordam com os de Erdtman 1952, Nowick & Skvarla 1979 e Perveen & Qaiser 2002.

Dentro da ordem Caryophyllales, Chenopodiaceae, considerada por Bittrich 1993 como um grupo irmão de Amaranthaceae, ambos formam uma linhagem monofilética (Downie & Palmer 1994, Manharht & Rettig 1994, Rodman 1994). Assim, a ultra-estrutura dos grãos de pólen dos géneros estudados de Chenopodiaceae apresenta características de tipo uniformes e assemelha-se a Amaranthaceae (subtipo de pólen *Amaranthus*) em vários aspectos, como a estrutura da abertura, a escultura da exina e a forma e tamanho do pólen. Este facto também foi observado por (Tsukada 1967, Youngjae & Lee 1995 e Toderich *et al.* 2010).

Os grãos de pólen de *Persicaria* (família Polygonaceae) caracterizam-se pela escultura lophoreticulate, enquanto os restantes géneros examinados da família Polygonaceae se caracterizam por aberturas tricolporadas e escultura perfurada-escabrada (tipo de pólen tricolporado), partilhando a família Aizoaceae no mesmo subtipo de pólen. Assim como Caryophyllaceae é uma família europalínica, tanto *Silene* como *Vaccaria pertencem* ao tipo de pólen pantoporado com escultura microechinate-anulopunctate (subtipo de pólen *Silene-Vaccaria*). Enquanto *Spergularia pertence ao tipo de* pólen tricolpado com escultura granulada-perfurada (subtipo de pólen *Spergularia*). Nowicke & Skvarla 1977 relataram que Polygonaeae é uma família grande e palinologicamente diversa, mas o estudo palinológico não revelou tipos de pólen semelhantes a estes nas Caryophyllaceae.

O tipo de pólen tricolpado é representado aqui por quatro subtipos de pólen, dos quais o pólen de Cruciferae é caracterizado por uma escultura reticulada, enquanto Tamaricaceae e Oxalidaceae têm a mesma escultura da exina (microreticulada a perfurada), mas diferem no tamanho do pólen, na forma e na escultura da membrana do colpo.

O pólen do tipo tricolporado é bastante heterogéneo, a maioria dos taxa examinados deste tipo pertencem à subfamília Papilinoideae, e estes taxa mostram uma vasta gama de variação nas características do pólen. Com base na forma e no tamanho do pólen, nos caracteres da abertura e na escultura da exina, são reconhecidos seis subtipos de pólen, dos quais três subtipos incluem oito géneros de papilionoideae, nomeadamente o subtipo de pólen do grupo *Melilotus*, o subtipo de pólen do grupo *Vicia* e o subtipo de pólen do grupo *Lotus*. O pólen do grupo *Melilotus distingue-se* facilmente pelos seus colporos fusiformes, pela membrana do colpo grosseiramente regulada e pelo teto perfurado a microreticulado. Este subtipo inclui três géneros (*Sesbania*, *Alhagi* e *Melilotus*) pertencentes a três tribos: Robinieae, Galegeae e Trifolieae, respetivamente. O subtipo de pólen do grupo *Vicia* é caracterizado por um margo distinto, psilado a perfurado e um teto irregular reticulado-rugulado a reticulado-fossulado. Este subtipo de pólen inclui dois géneros (*Vicia* e *Trifolium*) pertencentes a duas tribos: Vicieae e Trifolieae, respetivamente. Enquanto que o pólen do grupo *Lotus* é caracterizado por um margo indistinto e um teto regular-fossulado. Este subtipo de pólen é encontrado em três géneros (*Lotus*, *Lathyrus* e *Medicago*) distribuídos em três tribos: Loteae, Vicieae e Trifolieae, respetivamente. Foram encontradas variações marcantes nos caracteres polínicos dentro desta subfamília, o que indica que se trata de uma eurypalynous; e, por conseguinte, a palinologia é significativa dentro desta subfamília ao nível tribal e subtribal, mas menos marcada ao nível dos géneros. Estes resultados também são citados por Erdtman 1952, Ferguson & Skvarla 1981 e Perveen & Qaiser 1998.

Os restantes três subtipos representavam o pólen de seis famílias, nomeadamente o subtipo de pólen Salicaceae, o subtipo de pólen do grupo Polygonaceae e o subtipo de pólen do grupo Zygophyllaceae. O primeiro subtipo distingue-se pelo teto reticulado, com columelas livres nos lúmens, pólen de tamanho pequeno e colpos sincolpados.

Embora os outros dois subtipos de pólen sejam bastante uniformes nas suas características polínicas. Com base na escultura da exina e nos caracteres do colporo, o pólen do grupo Polygonaceae pode ser distinguido por tectum fossulado-perfurado a microperfurado com grânulos densos ou esparsamente espaçados e colpi em forma de fenda com margo indistinto. Enquanto o pólen do grupo Zygophyllaceae é caracterizado por um teto perfurado a microreticulado e colpos amplamente oblongos ou fusiformes com margo distinto.

Em conclusão, verificou-se que os caracteres polínicos baseados em SEM são úteis na identificação e discriminação de taxa taxonomicamente relacionados. Os taxa aqui investigados ilustram uma grande variação morfológica do pólen, especialmente entre os taxa relacionados com as famílias: Leguminosae, Caryophyllaceae, Amaranthaceae e Polygonaceae. A chave para identificar os tipos de pólen e os taxa examinados apresentada no presente estudo pode ser uma ferramenta adicional para a identificação taxonómica. No futuro, os autores terão em consideração uma investigação dos taxa pertencentes à outra subclasse (Sympetalae).

Chave baseada nos caracteres morfológicos dos grãos de pólen dos taxa investigados:

1-..Pólen em poliedros 2

-Pollen em mónadas.. 3

2-.. Pólipos de tamanho médio (23,4-26,7P m x 36,7-43,4Pm), compostos por 16 grãos, grãos de pólen colporados, colpos em forma de Y, escultura da exina foveolada ***Acácia***

- Pólipos de tamanho grande (41,8-51,8 Pm x 91,9-115,2Pm), compostos por 32 grãos, grãos de pólen com abertura indistinta, escultura da exina subrugulada ***.. Faidherbia***

3- A abertura do pólen é porosa..4

- A abertura do pólen é colpada ou colporada..11

4- Abertura do pólen tri- ou tetra-hexaporada..5

- Abertura do pólen pantoporada 6

5-.. Abertura do pólen triporada, poros circulares com anel microecinado, escultura da exina densamente micrequinada e espaçada..**Urticaceae**

- Abertura polínica tetra a hexaporada, poros circulares com aspídeos psilados, escultura exina verrucada com perfuração ténue ... **Papaveraceae**

6- A dimensão do pólen varia de 31,7-85,2Pm...7

-A dimensão da pólen varia entre 13,4-30,1 Pm...9

7- Escultura do exina lophoreticulate com columellae livre em lumina ***Persicária***

- Escultura da exina microecinada ou acentuadamente ecinada com perfuração ou anulopunctura.. 8

8-.. A dimensão do pólen varia de 75,2-85,2Pm, a escultura da exina é acentuadamente equinada, a perfuração é densamente espaçada e irregular.................................**Malvaceae**

- A dimensão do pólen varia de 31,7-40,9Pm, a escultura da exina é microecinada, a perfuração é pouco espaçada e circular (anulopunctada)...........

.. Grupo *Silene- Vaccaria*

9-.. A escultura da exina é um padrão de cróton...**Thymelaeaceae**

- A escultura da exina é metareticulada (fenestrada) ou granulada 10

10-.. Escultura da exina com padrão metareticulado (fenestrado), com muri microecinado e perfurado. Poros 12, membrana estriada. Pólen octogonal em todas as vistas***Alternanthera***

- Escultura da exina com padrão granulado. Poros com mais de 12 e opérculo grosseiramente granulado. Pólen circular em todas as vistas .....

.. *Amaranthus* e Chenopodiaceae

11- Abertura do pólen tri ou panto-colpada...12

- Abertura de pólen tri-colporada..16

12- Abertura do pólen panto- brevicolpada .... **Portulacaceaea**

- Abertura do pólen tri-colpada..13

13- Escultura de exina granulada e perfurada............................... ***Spergularia***

- Escultura da exina reticulada ou microreticulada 14

14- Escultura do exina reticulada, retículo com columelas livres nos lumina**Crucíferas**

- Escultura da exina microreticulada a perfurada..15

15-..Grãos de pólen de tamanho pequeno (13,4-18,4Pm x 15-19,2Pm), esferoidais ou subprolatos. Membrana do colpo psilada a escabrosa .... **Tamaricáceas**

- Grãos de pólen de tamanho médio (dimensão 23,4-36,7Pm), esferoidais. Colpos membrana densamente granulada .... **Oxalidáceas**

16-.. Escultura da exina rugulada a rugulada-fossulada .... **Grupo do *lótus***

- Escultura Exine de outra forma 17

17- Escultura da exina microreticulada a fossulada-perfurada ou microperfurada. Supratecto psilado ou melhor com grânulos 18

- Escultura de exina reticulada..21

18- Supratectum melhor com grânulos.............**Aizoaceae& Polygonaceae**

- Supratectumpsilato 19

19- Membrana de Colpi grosseiramente regulada .... **Grupo *Melilotus***

- Psilato de membrana de Colpi 20

20-... Colpo fusiforme com ápice agudo **Capparaceae** e **Zygophyllaceae**

- Colpo amplamente oblongo com ápice obtuso.... **Salvadoraceae**

21- Escultura do exina reticulada com columelas livres nos lumina.

Grãos de tamanho pequeno (16,7-23,4Pm x 15,0-20,0Pm). Colpo fusiforme, sincolpado com margem perfurada .... **Salicaceae**

- Escultura da exina irregular reticulada-rugulada a reticulada-fossulada. Grãos de tamanho médio (25,1-36,7Pm x 19,2-23,4Pm). Colpo oblongo, apocolpado com margem espessa e psilada a perfurada ***Trifolium & Vicia***

Referências

Abd el Ghani, M. (1985). *Estudo comparativo sobre a vegetação dos Oásis de Bahariya e Farafra e da região de Fayoum.* Tese de doutoramento, Fac. of Sci. Univ. of Cairo.

Ayyad, S.M., Moore, P.D. e Zahran, M.A. (1992b).Modern Pollen rain studies of the Nile Delta, Egypt. *New Phyotolgist*, **2:** 663-675.

Bittrich, V. (1993). Introdução a Centrospermae.- In: *The Families and Genera of vascular plants* (ed. K. Kubitzki, pp. 13-19.)- Springer, Berlin.

Boulos, L. (2009). *Flora of Egypt Checklist, edição revista e anotada,* Al Hadara publishing. Egipto.

Downi, S.R. & Palmer, J.D. (1994). Phylogenetic relationships using restriction site variation of the chloroplast DNA inverted repeat - In: *Caryophyllales. Evolution & Systematics* (ed. H.-D. Behnke & T.J. Mabry), Pp. 223-233.- Springer, Berlin.

El Fayoumi, H. (1996). *Plants life in Fayoum area, Reconstruction study of the Natural vegetation using pollen analytical methods.* Tese de doutoramento, Fac. of Sci. Univ. of Cairo.

El Hadidi, M.N. (2000). As principais características da Vegetação Natural. Em M.N. El Hadidi (ed.).- *Flora Aegyptiaca* 1(1)- The Palm Press, Cairo, Egipto.

& El Fayoumi, H.H. (1997). Estudos palinológicos na área de El Gharag El Sultani da depressão de Faiyum, Egipto. 1- Classes de pólen e tipos de pólen. *Taeckholmia* **17:** 61-90.

El Shenbary, S.H. (1985). *Um estudo das mudanças recentes na composição da vegetação no deserto costeiro do noroeste do Egipto na área de Burg El-Arab.* Tese de mestrado, Universidade de Tanta, Egipto.

Engler, A. (1964). *Syllabus der pflanzenfamilien.* (ed. 12) por H. Melchior Berlin.

Erdtman, G. (1952). *Morfologia do pólen e taxonomia vegetal. Angiospermas.*

Chronica Botanica Co., Waltham, Massachusettes.

(1960). O método da acetólise - *Svensk Botanisk Tidskrift.* **54:**

561-564.

Ferguson, I.K. & Skvarla, J.J. (1981). A morfologia do pólen da subfamília Papilionoideae (Leguminosae). Em R.M. Polhill

& P.H. Raven (eds.) *Advances in legume systematics.* Pp. 859-896. Royal Botanic Gardens, Kew, Inglaterra.

Manhart, J.R. & Rettig, J.H. (1994). Dados de sequência de genes - In: *Caryophyllales. Evolution and Systematics* (ed. H.-D. Behnke & T.J. Mabry), Pp. 235-246.- Springer, Berlin.

Mehringer, J.R., Petersen, K.L. & Hassan, F.A. (1979). Um registo polínico de Birket Qarun e a história recente do Fayoum, Egipto. *Quaternary Research* **2:** 238-265.

Nowicke, J.W. & Skvarala, J.J. (1977). Morfologia do pólen e a relação das Plumbaginaceae, Polygonaceae e Primulaceae com a ordem Centrospermae. *Smithsonian Contrib. Bot.,* **37:** 1- 64.

(1979). Morfologia do pólen: A influência potencial em sistemas de ordem superior. *Ann. Missouri Bot. Gard.,* **66:** 633-699.

Perveen, A. & Qaiser, M. (1998). Pollen Flora of Pakistan. VIII. Legumin-osae (subfamília: Papilionoideae). *Tr. J. of Botany,* **22:** 73-91.

(2002). Pollen Flora of Pakistan. XVIII.

Amaranthaceae. *Pak. J. Bot.,* **34(4):** 375-383.

Praglowski, J. & Punt, W. (1973). Uma elucidação da estrutura microreticulada da exina. *Grana,* **13:** 45-50 & Raj, B. (1979). Sobre alguns conceitos morfológicos do pólen.

Grana, **18:** 109-113.

Punt, W., Hoen, P.P., Blackmore, S., Nilsson, S. & Le Thomas, A. (2007). Glossário de terminologia de pólen e esporos. *Rev. palaeobot. Palynol.,* **143(1-2):** 1-81.

Ritchie, J.C. (1985). Espectros de pólen moderno do Oásis de Dakhla, deserto do

Egipto Ocidental. *Grana,* Uppsala, 1984, Pp. 1-6.

Rodman, J.E. (1994). Estudos cladísticos e fenéticos - In: *Caryophyllales. Evolution & Systematics* (ed. H.-D. Behnke & T.J. Mabry), Pp. 279-301.- Springer, Berlin.

Saad, S.I. & Sami, S. (1967). Estudos do conteúdo de pólen e esporos dos depósitos do Delta do Nilo (Região de Berenbal). *Pollen et spores,* **9:** 467-503.

Sowunmi, M.A. (1995). Pólen da Nigéria. II. Espécies lenhosas - Grana, **34:** 120-141.

Tackholm, V. (1974). *Students' Flora of Egypt*, ed.2. - Universidade do Cairo.

Toderich, K.N., Shuyskaya E.V., Ozturk, M., Juylova, A. & Gismatulina, L.

(2010). Morfologia polínica de algumas espécies asiáticas do género Salsola (Chenopodiaceae) e suas relações taxonómicas. *Pak. J. Bot.,* edição especial, **42:** 155-174.

Tsukada, M. (1967). Pólen de Chenopod e Amaranto. Identificação por Microscopia Eletrónica. *Scien. EUA*, **17:** 80-82.

Youngjae, C. & Lee, S. (1995). Morfologia polínica de algumas Chenopodiaceae coreanas. *Korean J. Plant Taxon,* **25(4):** 255276.

Zahran, M.A. & Willis, A.J. (1992). *The Vegetation of Egypt.* 1st ed.

Chapman & Hall, Londres.

(2009). *A Vegetação do Egipto.*

Printed by Books on Demand GmbH, Norderstedt / Germany